Waterfowl in Hebei Province

———— 张 海 孟德荣 主编 ————

中国林业出版社
China Forestry Publishing House

图书在版编目（CIP）数据

河北水鸟 / 张海, 孟德荣主编. — 北京：中国林业出版社，2018.12
ISBN 978-7-5038-9540-1

Ⅰ. ①河… Ⅱ. ①张… ②孟… Ⅲ. ①水生动物－鸟类－介绍－河北 Ⅳ. ①Q959.708

中国版本图书馆CIP数据核字(2018)第078983号

中国林业出版社·生态保护出版中心

策划编辑：肖　静
责任编辑：肖　静　何游云

出版发行	中国林业出版社 (北京市西城区德内大街刘海胡同7号 100009)
电　　话	(010) 83143577
制　　版	北京美光设计制版有限公司
印　　刷	北京中科印刷有限公司
版　　次	2018年12月第1版
印　　次	2018年12月第1次
开　　本	880mm × 1230mm　1/32
印　　张	13
字　　数	290千字
定　　价	99.00元

未经许可，不得以任何方式复制或抄袭本书之部分或全部内容。
©版权所有 侵权必究

《河北水鸟》
编辑委员会

主　任　王绍军　张　海　范明祥　孟德荣

副主任　毛富玲　李新维　王振鹏

主　编　张　海　孟德荣

副主编　毛富玲　王振鹏

编　者　张　海　孟德荣　毛富玲　王振鹏　刘福春　张兆东　陈　新
　　　　王建营　王丽华　杨静利　路致远　刘　娟　王彦洁　安春林
　　　　崔淑军　樊素贞　李付印　贾向前　孟维悦　刘玉真　寇冠群
　　　　王保志　刘军辉

摄　影　（以下按姓氏拼音排序）
　　　　白清泉　陈承彦（日本）　陈建中　崔建军　范怀良
　　　　付建国　谷国强　郭玉民　韩　刚　韩永祥　蒋忠祐
　　　　李显达　李风山　李更生　李新维　梁长友　凌继承
　　　　刘松涛　孟德荣　宋亦希　孙华金　汤正华　田穗兴
　　　　王晓宝　文胤臣　谢伟鳞　姚文志　余日东　袁　晓
　　　　张　波　张　明（村长）　赵俊清　邹宏波　王希明
　　　　薛　琳

前 言

河北省位于华北平原，兼跨内蒙古高原，地处东亚—澳大利西亚候鸟重要迁徙通道，既有高原、丘陵、山川盆地，又有平原和海域。复杂的地形地貌孕育了多样的湿地资源，近海与海岸湿地、河流湿地、湖泊湿地、沼泽湿地、人工湿地等5种类型湿地在省内均有分布。据全省第二次湿地资源调查，全省湿地面积94.19万公顷，占国土面积的5.02%。其中，自然湿地69.46万公顷，人工湿地24.73万公顷。自然湿地中有近海与海岸湿地23.19万公顷，河流湿地21.25万公顷，湖泊湿地2.66万公顷，沼泽湿地22.36万公顷。丰富多样的湿地资源为迁徙鸟类提供了停歇地和食物补给。据调查，河北省有湿地鸟类388种，其中，国家Ⅰ级重点保护鸟类16种，国家Ⅱ级重点保护鸟类64种。

加强湿地和鸟类资源保护，对于保护珍稀濒危物种、维护生态平衡、保护生态环境都具有十分重要的意义。近年来，河北省人民政府高度重视湿地和鸟类保护工作，修订了《河北省陆生野生动物保护条例》和《河北省重点保护陆生野生动物名

前言

录》，颁布了《河北省湿地保护条例》，公布了《河北省重点保护野生植物名录》和《河北省重要湿地名录》，完成了全省第二次湿地资源调查，出台了《河北省湿地保护规划（2015—2030年）》，实施了一系列湿地保护与恢复工程，全省湿地保护率达到41.58%。

河北省湿地保护管理中心组织编写《河北水鸟》，对于开展湿地和鸟类资源保护工作无疑是非常重要的。该书图文并茂，介绍了河北省湿地水鸟188种（含4种远洋性海鸟），包括分类地位、留居型、形态特征、生态与分布、识别要点、相似种、保护级别等内容。相信该书的出版将有助于河北省湿地和鸟类保护管理工作者增长知识、提高鸟类鉴别能力，在开展湿地保护、鸟类资源调查、野外鸟类救护、疫源疫病监测中发挥重要作用。

《河北水鸟》编辑委员会
2017年11月

目录

前言 ii

潜鸟目 GAVIIFORMES

红喉潜鸟 *Gavia stellata* 002
黑喉潜鸟 *Gavia arctica* 004
太平洋潜鸟 *Gavia pacifica* 006

䴙䴘目 PODICIPEDIFORMES

小䴙䴘 *Tachybaptus ruficollis* 010
赤颈䴙䴘 *Podiceps grisegena* 012
凤头䴙䴘 *Podiceps cristatus* 014
角䴙䴘 *Podiceps auritus* 016
黑颈䴙䴘 *Podiceps nigricollis* 018

鹱形目 PROCELLARIIFORMES

短尾鹱 *Puffinus tenuirostris* 022
黑叉尾海燕 *Oceanodroma monorhis* 024

鹈形目 PELECANIFORMES

斑嘴鹈鹕 *Pelecanus philippensis* 028
卷羽鹈鹕 *Pelecanus crispus* 030
普通鸬鹚 *Phalacrocorax carbo* 032
绿背鸬鹚 *Phalacrocorax capillatus* 034
海鸬鹚 *Phalacrocorax pelagicus* 036
黑腹军舰鸟 *Fregata minor* 038

鹳形目 CICONIIFORMES

苍鹭 *Ardea cinerea* 042
草鹭 *Ardea purpurea* 044
大白鹭 *Ardea alba* 046
中白鹭 *Egretta intermedia* 048
白鹭 *Egretta garzetta* 050
黄嘴白鹭 *Egretta eulophotes* 052
牛背鹭 *Bubulcus ibis* 054
池鹭 *Ardeola bacchus* 056

目录

绿鹭 *Butorides striata*	058
夜鹭 *Nycticorax nycticorax*	060
黄斑苇鳽 *Ixobrychus sinensis*	062
紫背苇鳽 *Ixobrychus eurhythmus*	064
栗苇鳽 *Ixobrychus cinnamomeus*	066
大麻鳽 *Botaurus stellaris*	068
彩鹳 *Mycteria leucocephala*	070
黑鹳 *Ciconia nigra*	072
东方白鹳 *Ciconia boyciana*	074
黑头白鹮 *Threskiornis melanocephalus*	076
彩鹮 *Plegadis falcinellus*	078
白琵鹭 *Platalea leucorodia*	080
黑脸琵鹭 *Platalea minor*	082

雁形目 ANSERIFORMES

疣鼻天鹅 *Cygnus olor*	086
大天鹅 *Cygnus cygnus*	088
小天鹅 *Cygnus columbianus*	090
鸿雁 *Anser cygnoides*	092
豆雁 *Anser fabalis*	094
白额雁 *Anser albifrons*	096
小白额雁 *Anser erythropus*	098
灰雁 *Anser anser*	100
斑头雁 *Anser indicus*	102
雪雁 *Anser caerulescens*	104
黑雁 *Branta bernicla*	106
赤麻鸭 *Tadorna ferruginea*	108
翘鼻麻鸭 *Tadorna tadorna*	110
棉凫 *Nettapus coromandelianus*	112
鸳鸯 *Aix galericulata*	114
赤颈鸭 *Anas penelope*	116
罗纹鸭 *Anas falcata*	118
赤膀鸭 *Anas strepera*	120
花脸鸭 *Anas formosa*	122
绿翅鸭 *Anas crecca*	124

美洲绿翅鸭 *Anas carolinensis* 126
绿头鸭 *Anas platyrhynchos* 128
斑嘴鸭 *Anas poecilorhyncha* 130
针尾鸭 *Anas acuta* 132
白眉鸭 *Anas querquedula* 134
琵嘴鸭 *Anas clypeata* 136
赤嘴潜鸭 *Netta rufina* 138
红头潜鸭 *Aythya ferina* 140
青头潜鸭 *Aythya baeri* 142
白眼潜鸭 *Aythya nyroca* 144
凤头潜鸭 *Aythya fuligula* 146
斑背潜鸭 *Aythya marila* 148
小绒鸭 *Polysticta stelleri* 150
丑鸭 *Histrionicus histrionicus* 152
长尾鸭 *Clangula hyemalis* 154
斑脸海番鸭 *Melanitta fusca* 156
鹊鸭 *Bucephala clangula* 158
斑头秋沙鸭 *Mergellus albellus* 160
红胸秋沙鸭 *Mergus serrator* 162
普通秋沙鸭 *Mergus merganser* 164
中华秋沙鸭 *Mergus squamatus* 166

鹤形目 GRUIFORMES

蓑羽鹤 *Anthropoides virgo* 170
白鹤 *Grus leucogeranus* 172
沙丘鹤 *Grus canadensis* 174
白枕鹤 *Grus vipio* 176
灰鹤 *Grus grus* 178
白头鹤 *Grus monacha* 180
丹顶鹤 *Grus japonensis* 182
花田鸡 *Coturnicops exquisitus* 184
普通秧鸡 *Rallus aquaticus* 186
白胸苦恶鸟 *Amaurornis phoenicurus* 188
小田鸡 *Porzana pusilla* 190
红胸田鸡 *Porzana fusca* 192

斑胁田鸡 *Porzana paykullii*	194
董鸡 *Gallicrex cinerea*	196
黑水鸡 *Gallinula chloropus*	198
白骨顶 *Fulica atra*	200

鸻形目 CHARADRIIFORMES

水雉 *Hydrophasianus chirurgus*	204
彩鹬 *Rostratula benghalensis*	206
蛎鹬 *Haematopus ostralegus*	208
鹮嘴鹬 *Ibidorhyncha struthersii*	210
黑翅长脚鹬 *Himantopus himantopus*	212
反嘴鹬 *Recurvirostra avosetta*	214
普通燕鸻 *Glareola maldivarum*	216
灰头麦鸡 *Vanellus cinereus*	218
黄颊麦鸡 *Vanellus gregarius*	220
凤头麦鸡 *Vanellus vanellus*	222
欧金鸻 *Pluvialis apricaria*	224
金鸻 *Pluvialis fulva*	226
灰鸻 *Pluvialis squatarola*	228
剑鸻 *Charadrius hiaticula*	230
长嘴剑鸻 *Charadrius placidus*	232
环颈鸻 *Charadrius alexandrinus*	234
金眶鸻 *Charadrius dubius*	236
蒙古沙鸻 *Charadrius mongolus*	238
铁嘴沙鸻 *Charadrius leschenaultii*	240
东方鸻 *Charadrius veredus*	242
丘鹬 *Scolopax rusticola*	244
姬鹬 *Lymnocryptes minimus*	246
孤沙锥 *Gallinago solitaria*	248
拉氏沙锥 *Gallinago hardwickii*	250
针尾沙锥 *Gallinago stenura*	252
大沙锥 *Gallinago megala*	254
扇尾沙锥 *Gallinago gallinago*	256
半蹼鹬 *Limnodromus semipalmatus*	258
长嘴半蹼鹬 *Limnodromus scolopaceus*	260

斑尾塍鹬 *Limosa lapponica*	262
黑尾塍鹬 *Limosa limosa*	264
小杓鹬 *Numenius minutus*	266
中杓鹬 *Numenius phaeopus*	268
白腰杓鹬 *Numenius arquata*	270
大杓鹬 *Numenius madagascariensis*	272
鹤鹬 *Tringa erythropus*	274
红脚鹬 *Tringa totanus*	276
泽鹬 *Tringa stagnatilis*	278
青脚鹬 *Tringa nebularia*	280
小青脚鹬 *Tringa guttifer*	282
白腰草鹬 *Tringa ochropus*	284
林鹬 *Tringa glareola*	286
翘嘴鹬 *Xenus cinereus*	288
矶鹬 *Actitis hypoleucos*	290
灰尾漂鹬 *Heteroscelus brevipes*	292
翻石鹬 *Arenaria interpres*	294
大滨鹬 *Calidris tenuirostris*	296
红腹滨鹬 *Calidris canutus*	298
三趾滨鹬 *Calidris alba*	300
西滨鹬 *Calidris mauri*	302
红颈滨鹬 *Calidris ruficollis*	304
小滨鹬 *Calidris minuta*	306
青脚滨鹬 *Calidris temminckii*	308
长趾滨鹬 *Calidris subminuta*	310
斑胸滨鹬 *Calidris melanotos*	312
尖尾滨鹬 *Calidris acuminata*	314
弯嘴滨鹬 *Calidris ferruginea*	316
岩滨鹬 *Calidris ptilocnemis*	318
黑腹滨鹬 *Calidris alpina*	320
勺嘴鹬 *Eurynorhynchus pygmeus*	322
阔嘴鹬 *Limicola falcinellus*	324
流苏鹬 *Philomachus pugnax*	326
红颈瓣蹼鹬 *Phalaropus lobatus*	328
灰瓣蹼鹬 *Phalaropus fulicarius*	330
黑尾鸥 *Larus crassirostris*	332

目录

普通海鸥 *Larus canus*	334
北极鸥 *Larus hyperboreus*	336
蒙古银鸥 *Larus mongolicus*	338
渔鸥 *Larus ichthyaetus*	340
灰背鸥 *Larus schistisagus*	342
西伯利亚银鸥 *Larus vegae*	344
棕头鸥 *Larus brunnicephalus*	346
红嘴鸥 *Larus ridibundus*	348
细嘴鸥 *Larus genei*	350
弗氏鸥 *Larus pipixcan*	352
黑嘴鸥 *Larus saundersi*	354
遗鸥 *Larus relictus*	356
小鸥 *Larus minutus*	358
三趾鸥 *Rissa tridactyla*	360
鸥嘴噪鸥 *Gelochelidon nilotica*	362
红嘴巨燕鸥 *Hydroprogne caspia*	364
小凤头燕鸥 *Thalasseus bengalensis*	366
中华凤头燕鸥 *Thalasseus bernsteini*	368
黑枕燕鸥 *Sterna sumatrana*	370
普通燕鸥 *Sterna hirundo*	372
白额燕鸥 *Sterna albifrons*	374
灰翅浮鸥 *Chlidonias hybrida*	376
白翅浮鸥 *Chlidonias leucopterus*	378
黑浮鸥 *Chlidonias niger*	380

佛法僧目 CORACIIFORMES

普通翠鸟 *Alcedo atthis*	384
赤翡翠 *Halcyon coromanda*	386
蓝翡翠 *Halcyon pileata*	388
冠鱼狗 *Megaceryle lugubris*	390
斑鱼狗 *Ceryle rudis*	392

主要参考文献	394
拉丁名索引	395
英文名索引	398
中文名索引	402

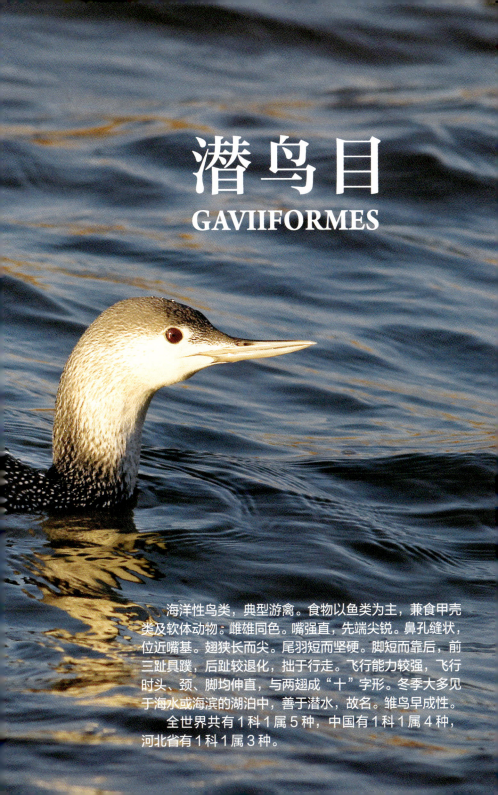

潜鸟目
GAVIIFORMES

　　海洋性鸟类，典型游禽。食物以鱼类为主，兼食甲壳类及软体动物。雌雄同色。嘴强直，先端尖锐。鼻孔缝状，位近嘴基。翅狭长而尖。尾羽短而坚硬。脚短而靠后，前三趾具蹼，后趾较退化，拙于行走。飞行能力较强，飞行时头、颈、脚均伸直，与两翅成"十"字形。冬季大多见于海水或海滨的湖泊中，善于潜水，故名。雏鸟早成性。

　　全世界共有1科1属5种，中国有1科1属4种，河北省有1科1属3种。

红喉潜鸟
Gavia stellata

幼鸟 / 韩永祥 摄

Red-throated Diver
潜鸟科 Gaviidae　潜鸟属 *Gavia*
旅鸟　罕见

形态特征

体长54～69cm。两性相似。虹膜红色或栗色。嘴灰黑色或淡灰色，细长而略向上翘。脚黑色。头小而颈细。**夏羽**：颊、颏、喉及颈侧灰色，自喉部中心伸至前颈成栗褐色三角形斑。头顶灰褐色，有黑色细纹。后颈乌褐色，有黑、白相间细纵纹。背部黑褐色，有的具白色细斑点。胸以下白色，胸侧、肋有黑色细斑纹。**冬羽**：颊、颏、喉、颈侧、前颈和下体全部纯白。额、头上、后颈至尾黑褐色。背部有细白斑。**幼鸟**：似成鸟冬羽，但头顶和后颈更暗，具淡白色羽缘。头侧和颈侧具褐色斑纹。肩和上背具白色斑点。

生态与分布

繁殖期主要栖息于北极苔原和森林苔原带的湖泊、江河与水塘中，迁徙期和冬季多栖息于沿海海域、海湾及河口地区。常单只或集小群活动。善于游泳和潜水，不需助跑即能起飞，在陆地行走困难，需以胸接触地面匍匐前进。潜水觅食，能在水下快速游泳追捕鱼群，亦食甲壳类、软体动物、水生昆虫等。繁殖于欧亚大陆及北美洲北部苔原带，越冬至欧洲、亚洲及北美洲温带沿海。我国东部及东南沿海有分布。河北秦皇岛有记录。

识别要点

夏羽前颈具三角形栗褐色斑块；冬羽上体黑褐色，具白色斑点。

相似种

黑喉潜鸟：嘴较厚直，下嘴不上翘；夏羽前颈墨绿色，背部具白色长方形横斑；冬羽背部无明显白斑，颈侧白色区域几无，体侧后部具白斑；幼鸟背部具鳞状纹。

潜鸟目
GAVIIFORMES

幼鸟 / 韩永祥 摄

冬羽 / 韩永祥 摄

黑喉潜鸟
Gavia arctica

Black-throated Diver
潜鸟科 Gaviidae　潜鸟属 *Gavia*
旅鸟　罕见

冬羽 / 韩永祥 摄

形态特征

体长56～75cm。两性相似。虹膜红色。嘴灰黑色，较厚直，下嘴不上翘。脚黑色。**夏羽**：头上至后颈灰色。颊灰黑色。喉及前颈墨绿色而具金属光泽，下喉由白色斑点组成一窄横带。颈侧与胸侧具黑、白色相间细纵纹。背部黑色，背两侧有白色长方形横斑。翼有白色细斑点。胸以下白色。**冬羽**：额、头上、颈侧、后颈至背部上体黑褐色。颏、喉、前颈至胸、腹下体白色。胸侧有黑褐色纵纹，胁具黑斑，后胁白色明显。**幼鸟**：似成鸟冬羽，但头顶和后颈较淡，呈棕褐色。背部具淡灰色羽缘而呈鳞状纹。

生态与分布

繁殖期主要栖息于湖泊、江河和水塘中，冬季多栖息于沿海海域、海湾及河口地带。善于游泳和潜水，需在水面助跑才能起飞。潜水追捕鱼群，亦食甲壳类、软体动物、水生昆虫等。繁殖于欧亚大陆及北美洲北部苔原带，越冬至欧洲、亚洲及北美洲西部之温带。我国新疆北部和吉林长白山区有繁殖，越冬于我国东部及东南沿海。河北北戴河有记录。

识别要点

夏羽喉及前颈墨绿色；冬羽嘴灰色而先端及嘴峰黑色，无黑色颈环。

相似种

1.红喉潜鸟：下嘴明显上翘；夏羽前颈具栗褐色三角形斑；冬羽背部有细白斑，颈侧白色区域较宽。**2.太平洋潜鸟**：夏羽喉及前颈黑紫色；冬羽喉有黑褐色横带，胁无白斑。

潜鸟目
GAVIIFORMES

冬羽 / 韩永祥 摄

冬羽 / 韩永祥 摄

夏羽 / Alan Vernon 摄
来源：https://commons.wikimedia.org

太平洋潜鸟
Gavia pacifica

Pacific Diver
潜鸟科 Gaviidae　潜鸟属 *Gavia*
旅鸟　罕见

形态特征

体长61～68cm。两性相似。虹膜红色。嘴灰色至黑色。脚黑色。**夏羽**：头上至后颈灰色。颊黑色。颔、喉及前颈黑紫色具金属光泽，下喉由白色斑点组成一窄横带，颈侧与胸侧有黑、白色相间细纵纹。背部黑色，背两侧有白色长方形横斑。翼有白色细斑点。胸以下白色。**冬羽**：上体黑褐色，下体白色。喉部有黑褐色横带。胸侧有黑色细纵纹。**幼鸟**：似成鸟冬羽，但头顶和后颈较淡。喉部无黑褐色横带。背和肩具淡色羽缘。

生态与分布

繁殖期栖息于北极地区较大水域，冬季常见于沿海附近的较大水域。善于游泳和潜水，拙于行走，需在水面助跑才能起飞。潜水追捕鱼群，亦食甲壳类、软体动物、水生昆虫等。繁殖于西伯利亚东部至阿拉斯加及加拿大，越冬于日本沿海及北美洲西部。偶见于我国辽东半岛及东部沿海地区。河北北戴河有记录。

识别要点

夏羽喉及前颈紫黑色；冬羽具黑褐色颈环。

相似种

黑喉潜鸟：夏羽喉及前颈墨绿色；冬羽喉部无黑褐色横带，后胁白色。

潜鸟目
GAVIIFORMES

夏羽 / Alan Vernon 摄
来源:https://commons.wikimedia.org

䴙䴘目
PODICIPEDIFORMES

中、小型游禽。嘴直而尖，略侧扁。翅短小，尾仅具软绒羽或几乎没有。脚近尾端，侧扁，四趾均具宽阔的瓣蹼。两性相似，但冬羽和夏羽不同。主要生活在淡水湖泊、沼泽的草丛中，几乎终生在水中生活。善于游泳和潜水，不善飞翔。亲鸟常把雏鸟放置背上，受惊潜水时则把它们挟在翅下。雏鸟早成性。

全世界共有1科5属22种，中国有1科2属5种，河北省有1科2属5种。

冬羽 / 李新维 摄

小䴙䴘
Tachybaptus ruficollis

Little Grebe

䴙䴘科 Podicipedidae　小䴙䴘属 *Tachybaptus*
夏候鸟 / 留鸟　常见

形态特征

体长25～32cm。两性相似。虹膜黄白色。脚灰黑色，具瓣蹼。尾甚短。**夏羽**：嘴黑色，嘴尖乳白色，嘴基具黄白色嘴斑。额、头顶、枕部及后颈黑色。颊、颈侧、下喉栗红色。背部黑褐色。胸褐色，腹淡褐色。**冬羽**：下嘴肉黄色，上嘴黑褐色，嘴角黄斑不明显。背部褐色。喉白色。颊、颈侧淡黄褐色。下体白色。**幼鸟**：头至颈具黑、白、红褐色相间的花斑。背部褐色，具红褐色斑纹。下体淡褐色，胸部缀黑褐色斑纹。

生态与分布

栖息于淡水沼泽、湖泊、池塘、河流等水域，筑巢于水面。常单独或成小群活动。善游泳和潜水，需于水面助跑才能起飞。杂食性，以小鱼、小虾、蝌蚪及水草为食。广布于欧亚大陆和非洲。我国各地都有分布。河北见于各地，在北部为夏候鸟，南部为夏候鸟或留鸟。

识别要点

虹膜黄白色；夏羽嘴黑色而基部具黄白色嘴斑；冬羽下嘴肉黄色而上嘴黑褐色。

相似种

黑颈䴙䴘：虹膜红色，嘴略上翘；冬羽颊、喉灰白色，颈部淡褐色。

䴙䴘目
PODICIPEDIFORMES

冬羽 / 李新维 摄

夏羽 / 李新维 摄

幼鸟 / 孟德荣 摄

赤颈䴙䴘
Podiceps grisegena

夏羽 / 王晓宝 摄

Red-necked Grebe
䴙䴘科 Podicipedidae　䴙䴘属 *Podiceps*
冬候鸟 / 旅鸟　罕见

形态特征

体长48~57cm。虹膜黑褐色。嘴黑色，基部黄色。脚橄榄黑色。**夏羽**：头顶和短的冠羽黑色。颊、喉灰白色。前颈至胸部棕红色，后颈及背部灰褐色。腹部白色。**冬羽**：头顶及冠羽灰黑色，头侧和喉白色。前颈至胸部淡灰色，胸部缀黑褐色斑纹，后颈及背部深灰色。腹部白色。

生态与分布

繁殖期喜栖于富水草的淡水沼泽、湖泊、池塘、河流等水域，非繁殖期多栖息于沿海海岸及河口地区。杂食性，以小鱼、蛙、蝌蚪、昆虫、软体动物及水草为食。分布于欧洲、北美洲及亚洲北部、非洲北部海岸。我国东北地区及河北、北京、天津、甘肃、新疆、浙江、福建、广东（东部）有分布。河北秦皇岛、保定清西陵和衡水湖有记录。

识别要点

嘴粗长，黑色而基部黄色；夏羽颊、喉灰白色而前颈至胸棕红色。

相似种

1.凤头䴙䴘：头侧至枕部以及颊、喉、前颈、颈侧均为白色，嘴角至眼有一条黑线。**2.角䴙䴘**：虹膜红色；前颈至胸部白色。

保护级别

国家Ⅱ级重点保护野生动物。

䴙䴘目
PODICIPEDIFORMES

夏羽 / 王晓宝 摄

凤头䴙䴘
Podiceps cristatus

夏羽 / 李新维 摄

Great Crested Grebe
䴙䴘科 Podicipedidae　䴙䴘属 *Podiceps*
夏候鸟 / 留鸟　常见

形态特征

体长45~48cm。两性相似。虹膜红色。嘴直而尖。脚内侧黄绿色，外侧橄榄绿色。**夏羽**：嘴黑褐色，先端苍白色。额、头顶黑色，头顶羽毛延长成羽冠。头侧至颏部白色。颊后部具有基部栗红色、端部黑色的鬃毛状饰羽，呈领状。后颈、背部黑褐色，前颈、胸以下白色。两胁栗色，有褐色斑点。**冬羽**：嘴粉红色。饰羽消失。额、顶部黑色。脸颊及前颈白色，仅眼先黑色。耳羽淡灰褐色。后颈及背部灰褐色。胸、腹部白色。

生态与分布

栖息于河流、水库、湖泊、沼泽、池塘等各种水域。喜广阔水面，善于潜水。常单只或结小群活动。春季常成对求偶炫耀，两相对视，并同时点头。繁殖于芦苇、香蒲丛中，营水面浮巢。杂食性，潜水捕食水中鱼、虾、软体动物及水生植物等。分布于欧亚大陆、北非、中东、印度北部及澳大利亚。除海南外，见于我国各地区。河北全省各地都有分布，北部为夏候鸟，南部为夏候鸟或留鸟。

识别要点

夏羽头顶具显明的黑色长羽冠，颊后具基部栗红色、端部黑色领状饰羽；冬羽嘴粉红色。

相似种

赤颈䴙䴘：前颈至胸部棕红色（夏羽）或淡灰色（冬羽）。

保护级别

河北省重点保护野生动物。

| 䴙䴘目 |
| PODICIPEDIFORMES | 015

夏羽 / 孟德荣 摄

幼鸟 / 李新维 摄

冬羽 / 陈建中 摄

角䴙䴘
Podiceps auritus

Horned Grebe
䴙䴘科 Podicipedidae　䴙䴘属 *Podiceps*
旅鸟　偶见

形态特征

体长31～39cm。雌雄相似。虹膜红色。嘴直而尖，黑色，先端黄白色。脚前侧黑色，后侧淡黄灰色。**夏羽**：头黑色。贯眼纹橙黄色，延伸至头后成为宽阔的簇状饰羽。前颈、颈侧、上胸及两胁栗红色，后颈及上体多黑色。下胸及腹白色。**冬羽**：无橙黄色饰羽。颊、喉、前颈、胸、腹白色。头上、后颈及背黑褐色。**幼鸟**：似成鸟冬羽，但上体更多褐色。头和颈侧具有不甚显著的暗色条纹。

生态与分布

繁殖期栖息于内陆富有水生植物的水塘、湖泊、沼泽等水域，非繁殖期主要栖息于沿海近海水面、海湾、河口及海岸附近的水塘、湖泊和沼泽地带。多在紧靠岸边的水生植物丛中营浮巢。以鱼、虾、软体动物、水生昆虫、水生植物等为食。繁殖于欧亚大陆及北美洲北部，越冬于欧洲（南部）、亚洲、南美洲。我国黑龙江、辽宁、河北、山东（东部）、新疆（西部）、浙江、福建、香港和台湾有分布。在河北省见于秦皇岛、沧州、衡水湖等地。

识别要点

嘴黑色而先端淡色；夏羽头黑色，橙黄色贯眼纹延伸至头后成为簇状饰羽；冬羽下嘴基部具红色线纹，头上、后颈黑色，颊、喉、前颈白色。

相似种

1.黑颈䴙䴘：下嘴略上翘，且无淡色嘴尖；夏羽颈、胸黑色；冬羽脸部白色，呈明显的月牙形。**2.赤颈䴙䴘**：嘴黑色，基部黄色；头无橙黄色饰羽，两颊灰白色。

保护级别

国家Ⅱ级重点保护野生动物。

䴙䴘目
PODICIPEDIFORMES

017

夏羽 / 张明 摄

冬羽 / 陈建中 摄

黑颈䴙䴘
Podiceps nigricollis

夏羽 / 李显达 摄

Black-necked Grebe
䴙䴘科 Podicipedidae　䴙䴘属 *Podiceps*
夏候鸟 / 旅鸟　较常见

形态特征

体长25～34cm。雌雄相似。虹膜红色。嘴细而尖，黑色，下嘴略上翘。脚灰黑色。**夏羽**：头至颈黑色。自眼至耳区有一簇橙黄色饰羽。上体黑褐色。胸以下白色，两胁红褐色，杂有黑色羽毛。**冬羽**：头顶、后颈及背部黑褐色，头部黑褐色延至眼下，无眼后饰羽。颊、颈、喉部灰白色，并延伸至眼后成月牙形。前颈和颈侧淡褐色。胸以下白色，胸侧和两胁杂有灰褐色。**幼鸟**：似成鸟冬羽，但颏、喉白色，前颈和上胸暗灰色。

生态与分布

繁殖期栖息于内陆的淡水湖泊、水塘、河流及沼泽地带，非繁殖期常出现于沿海海面、河口及海岸附近的盐田水域。善潜水。以鱼、虾、贝类、水生昆虫、蝌蚪及水生植物为食。繁殖于北美洲、非洲、欧亚大陆及我国东北和新疆西北部地区，越冬于北美洲南部、非洲东北部、欧亚大陆南部。我国除西藏、海南外，见于各地区。河北多数湿地有分布，除在北部地区为罕见夏候鸟外，主要为旅鸟。唐山曹妃甸盐田秋季有近千只大群。

识别要点

嘴尖细而略上翘；夏羽头至颈黑色，眼至耳区具簇状橙黄色饰羽；冬羽颊、喉部灰白色延至眼后成月牙形斑。

相似种

角䴙䴘：头大且平，嘴直而不上翘，嘴尖黄白色；冬羽头部黑褐色，顶冠不延至眼下，脸颊部白色区域更大，前颈白色。

夏羽（左）雏鸟（右）/ 李显达 摄

冬羽 / 薛琳 摄

夏羽 / 李新维 摄

鹱形目
PROCELLARIIFORMES

海洋性鸟类。营巢于海岛岩石、地面或低矮的植物上。外形似海鸥，嘴较长而侧扁，先端具钩，上嘴被几枚由细沟隔开的角质片所覆盖。鼻孔开口于角质管端部，左、右鼻孔并列或合并成单个，或分别位于嘴峰两侧。翅发达而尖长，尾为突尾或平尾。向前三趾具满蹼，后趾短小或缺失。极善飞行，可紧贴海面长时间飞行不息，并边飞边在水面拣食鱼类，犹如燕类。幼鸟多在5~10年性成熟。雏鸟晚成性。

全世界共有4科23属103种，中国有3科7属12种，河北省有2科2属2种。

余日东 摄

短尾鹱
Puffinus tenuirostris

Short-tailed Shearwater
鹱科 Procellariidae 鹱属 *Puffinus*
旅鸟 罕见

形态特征

体长35~43cm。雌雄相似。虹膜褐色。嘴细短,黑褐色,嘴峰和鼻管黑色。脚灰黑色。上体暗褐色,羽缘稍淡。头顶和枕部较黑。颏、喉灰色。下体灰褐色。尾较短,圆尾状。停栖时翼尖超过尾羽。飞行时翼下覆羽灰色,脚露出尾后。

生态与分布

常成群活动于开阔的海洋上。主要白天活动,繁殖期也在晚上活动。善飞行,亦善游泳。主要以虾和小型动物为食。繁殖于南太平洋,非繁殖期往北太平洋游荡。我国河北、浙江、海南、台湾有记录。河北乐亭县马头营镇捞鱼尖村于2013年7月8日有记录。

识别要点

形似海鸥,嘴端具钩;全身黑褐色,翼下覆羽灰色,圆尾。

相似种

灰鹱:个体较大;上体羽色较暗,翅较宽,翼下覆羽银白色;尾较尖长,稍呈楔形。

鹱形目
PROCELLARIIFORMES 023

余日东 摄

黑叉尾海燕
Oceanodroma monorhis

Swinhoe's Storm Petrel
海燕科 Hydrobatidae　叉尾海燕属 *Oceanodroma*
旅鸟　罕见

来源：https://commons.wikimedia.org/wiki/File:MarkhamSP.jpeg

形态特征
体长18～20cm。雌雄相似。虹膜褐色。嘴黑色。脚黑色，内趾内侧和中趾基部两侧白色。头部和后颈暗灰色。上体暗灰褐色。翅上的小覆羽、飞羽以及尾羽黑褐色，大覆羽稍浅淡而具宽阔的白缘。下体浓烟灰色。翼下覆羽和尾下覆羽近黑色。飞行时翼上具倒"八"字形淡褐色翼带，初级飞羽基部有不明显白色羽轴，外侧2～3枚较白。尾稍呈叉状。脚不伸出尾羽。

生态与分布
繁殖期栖息于海岸和附近岛屿与海上，非繁殖期主要在海上生活。常成群在海面低空飞翔，有时跟随船只。休息和觅食在海面，偶尔也到岛屿上觅食。主食鱼类，也吃甲壳类、头足类动物。繁殖于日本及朝鲜半岛、我国台湾东北部岛屿，冬季向西迁徙至北印度洋。我国偶见于东部及东南沿海。河北秦皇岛有记录。

识别要点
左、右鼻孔合并成单个；全身暗灰褐色，外侧初级飞羽基部白色，尾稍呈叉状。

鹱形目
PROCELLARIIFORMES   025

来源：https://commons.wikimedia.org/wiki/File:MarkhamSP.jpeg

鹈形目
PELECANIFORMES

大型游禽。大多为海洋性鸟类,少数种类生活在内陆水域。喜群居,善游泳。以鱼、虾及软体动物为食。雌雄相似。嘴长而先端多具钩,嘴基常具喉囊。鼻孔小而呈缝状。眼先裸露。翅长而尖,尾呈圆形、叉尾或楔尾。跗蹠短,被网状鳞,全蹼足(4趾间均具蹼)。雏鸟晚成性。

全世界共有6科7属68种,中国有5科5属17种,河北省有3科3属6种。

夏羽 / 余日东 摄

斑嘴鹈鹕
Pelecanus philippensis

Spot-billed Pelican
鹈鹕科 Pelecanidae　　鹈鹕属 *Pelecanus*
旅鸟　罕见

形态特征

体长134~156cm。雌雄相似。虹膜淡黄褐色，眼周裸露皮肤橙黄色。嘴长直而粗，上嘴先端向下弯曲呈钩状，肉色，上、下嘴边缘有一排蓝黑色斑点。喉囊紫色且具蓝黑色云状斑。脚黑褐色，全蹼足。眼先青铅色。**夏羽**：上体淡银灰色。枕部与后颈延长成羽冠，淡褐色。初级飞羽和次级覆羽黑褐色，次级飞羽和长的肩羽褐色，基部白色缀有银灰色。尾上覆羽淡褐色沾粉红色。腰、两胁、肛周和尾下覆羽缀葡萄红色。下体白色。**冬羽**：上体、两胁及尾下覆羽白色，羽轴黑色。翅和尾褐色。下体淡褐色。**幼鸟**：上体淡褐色。翅覆羽具淡色羽缘。下体白色。

生态与分布

栖息于沿海港口、河口、湖泊及大型河流。单独或成小群游泳觅食。主要以鱼类为食，也吃甲壳类、蛙等动物。分布于缅甸、印度、伊朗、斯里兰卡、菲律宾、印度尼西亚。我国河北、北京、山东、新疆、云南、江苏、上海、浙江、福建、广东、广西和海南有分布。河北秦皇岛、唐山、沧州沿海地区和衡水湖有记录（可能部分记录有误）。

识别要点

嘴长直而粗壮，上嘴肉色具蓝黑色斑点，先端钩状下弯；喉囊紫色且具蓝黑色云状斑；全蹼足。

相似种

卷羽鹈鹕：体型较大，嘴铅灰色，喉囊橙色、橘黄色或黄色；幼鸟嘴和喉囊铅灰色，上体灰褐色。

保护级别

国家 II 级重点保护野生动物。

夏羽 / 余日东 摄

冬羽 / 陈建中 摄

卷羽鹈鹕
Pelecanus crispus

Dalmatian Pelican
鹈鹕科 Pelecanidae　鹈鹕属 *Pelecanus*
旅鸟　较常见

形态特征

体长160～180cm。雌雄同色。虹膜浅黄色,眼周裸露皮肤黄白色。嘴淡铅灰色,先端黄色。喉囊橘黄色或黄色,繁殖期橙色。脚灰黑色。**成鸟**:头上冠羽呈散乱的卷曲状。额上羽成月牙形线条。体羽灰白色,翼下白色,飞羽黑褐色。**幼鸟**:嘴和喉囊铅灰色。上体灰褐色。

生态与分布

繁殖期栖息于内陆湖泊、江河与沼泽地带,迁徙和越冬期栖息于沿海海面、海湾、江河、开阔湖泊、河口及沿海沼泽地。喜群栖,善飞行及游泳,飞行时振翅缓慢,降落水面时常做长距离滑行。主要以鱼类为食,在水面利用巨大的喉囊捕鱼,也吃甲壳类、软体动物和两栖动物。繁殖于东欧至中亚,越冬于非洲北部及希腊、土耳其、印度、中国(东南沿海)。我国多数地区有分布。在河北主要分布于秦皇岛、唐山和沧州的沿海地区(各地记录的斑嘴鹈鹕可能多数为卷羽鹈鹕)。

识别要点

嘴长直而粗壮,上嘴淡铅灰色,先端黄色,先端下弯呈钩状;喉囊橘黄色或黄色;全蹼足。

相似种

斑嘴鹈鹕:体型明显偏小;嘴为肉色,嘴边具一排蓝色斑点;喉囊紫色。

保护级别

国家Ⅱ级重点保护野生动物。

鹈形目
PELECANIFORMES

冬羽 / 陈建中 摄

冬羽 / 汤正华 摄

冬羽 / 李新维 摄

普通鸬鹚
Phalacrocorax carbo

Great Cormorant
鸬鹚科 Phalacrocoracidae　鸬鹚属 *Phalacrocorax*
夏候鸟 / 旅鸟　常见

形态特征

体长72～87cm。雌雄同色。虹膜碧绿色。嘴长而先端具钩，上嘴黑色，下嘴灰白色，喉囊黄色；嘴裂处之黄色裸皮区呈圆形。脚黑色。成鸟全身大致黑色而有绿褐色金属光泽。**夏羽**：下嘴基部橄榄褐色且有细黑色点斑。颊、上喉白色，形成一个半环形。头、颈部具细密的白色丝状羽。肩羽、翼上覆羽暗褐色，羽缘黑色。两胁具白色斑块。**冬羽**：似夏羽，但下嘴基部细黑色点斑不明显。头、颈部无白色细羽。两胁无白色斑块。**幼鸟**：上体深褐色。下体污白色。

生态与分布

栖息于河流、湖泊、沼泽、池塘、水库及河口地带的海水或淡水水域。善于游泳和潜水捕鱼。常停栖于突兀处或树枝上张翼晾翅，飞行时呈"V"字或"一"字队形。以各种鱼类为食。分布于欧洲、亚洲、非洲、大洋洲及北美洲大西洋沿岸。我国各地有分布。河北各主要湿地都有分布，白洋淀有渔民驯养鸬鹚捕鱼。

识别要点

嘴长而先端具钩，上嘴黑色，下嘴灰白色；喉囊黄色；嘴裂处黄色裸皮区呈圆形；全身黑色。

相似种

1.绿背鸬鹚：嘴裂处之黄色裸皮区呈尖角形；肩羽、翼上覆羽黑绿色，尾羽较短；繁殖期下嘴基部无细黑色点斑。颊、喉白色面积较大。**2.海鸬鹚**：体型稍小；繁殖期头上具两个短冠羽，嘴基裸露皮肤红色，非繁殖期嘴基无黄色区域。

保护级别

河北省重点保护野生动物。

鹈形目
PELECANIFORMES

冬羽 / 李新维 摄

幼鸟 / 韩刚 摄

绿背鸬鹚
Phalacrocorax capillatus

Japanese Cormorant
鸬鹚科 Phalacrocoracidae　鸬鹚属 *Phalacrocorax*
夏候鸟 / 旅鸟　罕见

形态特征

体长80～84cm。雌雄同色。虹膜碧绿色。上嘴黑色，下嘴灰白色，喉囊黄色；嘴裂处之黄色裸皮区向后延伸呈尖角形。脚黑色。成鸟全身大致黑色，具金属光泽。**夏羽**：下嘴基部橄榄黄色，无黑色点斑。颊、上喉白色且面积较大。头、颈部具白色细羽。肩羽、翼上覆羽黑绿色，羽缘黑色。两肋具白色斑块。**冬羽**：似夏羽，但头、颈部无白色细羽。两肋白色斑块消失。**幼鸟**：上体暗褐色。下体白色。

生态与分布

栖息于河口、海湾及近陆岛屿等沿海地带。喜群居，常沿海面低飞，或在海岸附近游泳、潜水，追捕鱼、虾为食，休息时常于岩石上张翼晾翅。繁殖于西伯利亚东南部、库页岛及朝鲜、日本（北部）和中国华北等沿海地区，冬季南迁至日本南部、中国华南沿海及台湾地区。我国辽宁、河北、北京、山东、云南（南部）、浙江、福建、台湾有分布。在河北见于秦皇岛、唐山和沧州沿海地区。

识别要点

嘴裂处之黄色裸皮区向后延伸呈尖角形。

相似种

1. 普通鸬鹚：嘴裂处之黄色裸皮区呈圆形；肩羽、翼上覆羽暗褐色，尾羽较长；繁殖期下嘴基部有细黑色点斑。**2. 海鸬鹚**：繁殖期头上具两个短冠羽，嘴基裸露，皮肤红色；非繁殖期嘴基无黄色区域。

保护级别

河北省重点保护野生动物。

鹈形目
PELECANIFORMES

夏羽 / 谷国强 摄

幼鸟 / 韩刚 摄

冬羽 / 韩永祥 摄

海鸬鹚
Phalacrocorax pelagicus

Pelagic Cormorant
鸬鹚科 Phalacrocoracidae　鸬鹚属 *Phalacrocorax*
旅鸟　罕见

形态特征

体长70～79cm。雌雄同色。虹膜绿色。嘴黑褐色。脚黑色。**夏羽**：嘴基、眼周裸皮红色。额被羽。全身黑色，具绿色光泽。头、颈具紫蓝色光泽，头顶和枕部各有一短冠羽。颈部和腰部具有一些白色线状细羽。两肋具白色块斑。**冬羽**：嘴基、眼周裸皮红色暗淡而不明显。全身体羽近黑色。头无冠羽，颈、腰部无白色线状细羽，两肋白色斑块消失。**幼鸟**：嘴基、眼周裸皮淡红褐色。虹膜褐色。全身大致褐色。头无冠羽，肋无白斑。

生态与分布

出现于海湾、河口及近陆岛屿和沿海水域，为典型的海洋性鸟类。喜停栖于礁岩、峭壁。常沿海面低空飞行，或在海岸附近游泳、潜水，追捕鱼、虾为食，偶食少量海藻。繁殖于太平洋北部、西伯利亚东部、中国辽东半岛及临近岛屿和日本北部沿海，越冬于美国加利福尼亚州、日本南部及中国沿海地区。我国黑龙江、辽宁、河北、山东、福建、广东、广西、台湾有分布。河北北戴河有记录。

识别要点

嘴基、眼周裸皮红色。

相似种

红脸鸬鹚：前额裸出，并和眼周、脸颊皮肤连为一体，呈鲜红色；幼鸟和冬羽脸颊粉灰色。

保护级别

国家Ⅱ级重点保护野生动物。

鹈形目
PELECANIFORMES   037

夏羽 / 张明（村长） 摄

冬羽 / 韩永祥 摄

黑腹军舰鸟
Fregata minor

Great Frigatebird
军舰鸟科 Fregatidae　军舰鸟属 *Fregata*
旅鸟　罕见

雄鸟 / Duncan Wright 摄
来源：https://commons.wikimedia.org

形态特征

体长80～100cm。翅长而尖，尾长而呈深叉状。虹膜褐色。嘴强而长，先端钩曲。脚偏红色。**雄鸟**：嘴青蓝色。颏、喉、喉囊裸露，皮肤洋红色。全身黑色而有光泽。飞行时，翼上有一淡褐色横带。**雌鸟**：嘴粉色。眼周裸皮粉红色。上体黑色。颏、喉灰白色。胸、上腹和翼下基部白色，下腹以下黑色。**幼鸟**：头至颈部灰白色沾铁锈色。背、胸部黑褐色。腹部白色。翼下基部无或有极少白色。脚偏蓝色。

生态与分布

主要栖息于开阔海洋和沿海地带，繁殖期多栖于海岛。善于滑翔飞行，不善于游泳，很少在水面活动，陆上行走困难。常在海面低空飞翔，捕食跃出水面的飞鱼，也捕食漂浮在水面的鱼类废物和其他在海面活动的海洋动物，常抢掠其他海鸟的食物，有时也偷食其他海鸟的卵和幼雏。分布于热带海洋。我国河北、山东、江苏、福建、广东、香港、海南、台湾等沿海地区有分布。河北北戴河和秦皇岛曾经较为常见，并有标本采集，但近来已很难见到。

识别要点

雄鸟上、下体羽纯黑色，雌鸟颏、喉灰白色，胸部白色，眼圈红色。

相似种

白斑军舰鸟：雄鸟具翼下白斑；雌鸟喉黑色；幼鸟腹部白斑延伸至翼下基部。

鹈形目 PELECANIFORMES 039

雄鸟 / Duncan Wright 摄
来源：https://commons.wikimedia.org

鹳形目
CICONIIFORMES

涉禽。栖息于沼泽、河流、滩涂等湿地。嘴形直尖，眼先裸出，鼻孔裸露。脚长而粗壮，胫下半部裸出；趾长，基部有微蹼相连，后趾与前趾在同一平面上。羽色大都雌雄相同而冬、夏和成、幼有别。飞行时，鹭科头颈部后缩成"S"状，脚向后伸直至尾后，鹳科和鹮科颈部前伸与身体成一直线。

全世界共有5科115种，中国有3科36种，河北省有3科13属21种。

苍鹭
Ardea cinerea

冬羽 / 李新维 摄

Grey Heron
鹭科 Ardeidae　鹭属 *Ardea*
夏候鸟 / 留鸟　常见

形态特征

体长75～110cm。雌雄同色。虹膜黄色。嘴黄色。脚黄褐色。**夏羽**：眼先裸露部分黄绿色。头部白色，头侧、枕部具2条辫状黑色饰羽。颈部灰白色，前颈有2～3条黑色纵线。背部灰色，背部饰羽淡灰色，飞羽、翼角黑色。**冬羽**：无饰羽。**亚成鸟**：似冬羽，但头和颈部灰色较深。背面略带褐色。上嘴黑褐色。

生态与分布

栖息在海岸滩涂、盐田、芦苇沼泽、池塘、湖边、河流、水田等水域地带。常缓步寻找猎物，或伫立于浅水区，静待鱼、虾游近而啄食，故有"长脖老等"之称。飞行鼓翅缓慢，颈缩于背成"Z"字形，两脚向后伸直。以小鱼、甲壳类、昆虫和蛙等为食。分布于亚洲、欧洲和非洲。我国各地都有分布。河北各湿地有分布。

识别要点

头白色，头侧、枕部具2条辫状黑色饰羽；前颈白色具黑色纵纹；胸、腹白色；上体灰白色。

相似种

草鹭：头蓝黑色；颈侧栗褐色且具黑色条纹；上体暗褐色。

保护级别

河北省重点保护野生动物。

鹳形目
CICONIIFORMES

冬羽 / 李新维 摄

夏羽 / 孟德荣 摄

成鸟（左）和亚成鸟（右）/ 孟德荣 摄

草鹭

Ardea purpurea

Purple Heron
鹭科 Ardeidae　鹭属 *Ardea*
夏候鸟　常见

夏羽 / 赵俊清 摄

形态特征

体长83～97cm。雌雄同色。虹膜黄色。嘴和脚黄褐色。**成鸟**：头顶至后颈蓝黑色。枕部具2条辫状黑灰色饰羽。颈部细长，栗褐色，并具2条蓝黑色纵带至胸侧。喉、前颈部白色，下颈部有灰白色饰羽。背部暗灰色，有灰色及红褐色蓑状饰羽。肩部和腿部栗红色。胸、腹部蓝黑色。两侧暗栗色。**亚成鸟**：额、顶部黑褐色，枕部红褐色，无饰羽。颈红褐色，前颈密布暗褐色纵纹，颈侧纵带不明显。背、肩和翅覆羽暗褐色，覆羽羽缘红褐色。颈、背无饰羽。胸部淡褐色，具暗褐色纵纹。

生态与分布

栖息在芦苇沼泽、池塘、湖边、河流、水田、湿草地等地带。飞行鼓翅缓慢，颈缩于背成"Z"字形，两脚向后伸直。以小鱼、甲壳类、昆虫和蛙等为食。分布于欧亚大陆温带地区，南至印度半岛、东南亚及非洲北部。我国除西部和西北部外皆有分布。河北秦皇岛、唐山和沧州沿海地区及衡水湖、白洋淀、平山、邢台等地有分布。

识别要点

头顶黑色；颈栗褐色具蓝黑色纵纹；胸、腹部蓝黑色。

相似种

苍鹭：头颈灰白色，背灰色；飞行时，翅上覆羽与飞羽的颜色对比强烈。

保护级别

河北省重点保护野生动物。

鹳形目
CICONIIFORMES 045

夏羽 / 李新维 摄

幼鸟 / 孟德荣 摄

幼鸟 / 李新维 摄

冬羽 / 孟德荣 摄

大白鹭
Ardea alba

Great Egret
鹭科 Ardeidae　鹭属 *Ardea*
旅鸟　常见

形态特征

体长82~100cm。虹膜黄色。嘴裂较深，一般延至眼后。脚黑色。颈部具特别的扭曲，在颈中部的拐弯成直角。全身羽毛白色。**夏羽**：嘴黑色。眼先蓝绿色。胫下部略带淡粉红色。背部与前颈下部具细长的蓑羽。**冬羽**：嘴黄色。眼先黄绿色。背及胸无长饰羽。

生态与分布

常混群于白鹭、中白鹭中，喜单独或成小群活动于河流、芦苇沼泽、湖泊、水田、滩涂等湿地。以小鱼、甲壳类、昆虫、软体动物和蛙类为食。分布于全球温带地区。我国除青藏高原外几乎遍布全国。河北秦皇岛、唐山和沧州沿海地区及衡水湖、白洋淀、平山、平泉等地有分布。

识别要点

夏羽嘴黑色，冬羽嘴黄色，嘴裂延至眼后；颈部特别扭曲。

相似种

1.中白鹭：颈部无特殊扭曲，嘴裂仅至眼下方；冬羽具黑色嘴端。**2.白鹭**：体型明显小，冬、夏嘴皆黑色，趾黄绿色；繁殖羽头后具2枚长饰羽。**3.黄嘴白鹭**：体型小，趾黄色；繁殖期眼先蓝色，头枕部具矛状饰羽。

保护级别

河北省重点保护野生动物；《濒危野生动植物种国际贸易公约》附录Ⅲ物种。

鹳形目
CICONIIFORMES

繁殖羽 / 李新维 摄

冬羽 / 孟德荣 摄

夏羽 / 梁长友 摄

中白鹭
Egretta intermedia

Intermediate Egret
鹭科 Ardeidae　白鹭属 *Egretta*
旅鸟　偶见

形态特征

体长62～70cm。虹膜黄色。脚黑色。全身羽毛白色。**夏羽**：嘴黑色，有的基部黄色。眼先黄绿色。背部及前颈下具长蓑羽。**冬羽**：眼先黄色。嘴黄色，嘴端黑色，嘴裂至眼下方。背部及前颈下无蓑羽。

生态与分布

喜稻田、湖畔、芦苇沼泽、河口及沿海泥滩等地。常单独或成小群活动，有时也与其他鹭类混群。以小鱼、甲壳类、昆虫、软体动物和蛙类等为食。分布于非洲、大洋洲及欧亚大陆、东南亚等热带和亚热带水域。在我国主要分布于长江中下游以南的华南各地，辽宁、河北、北京、山东、陕西、甘肃、西藏等地区为偶见旅鸟。河北秦皇岛、唐山和沧州沿海地区及衡水湖、白洋淀可见。

识别要点

夏羽嘴黑色，冬羽嘴黄色而端部黑色，嘴裂至眼下方；脚、趾黑色；颈部无特殊扭曲。

相似种

1.白鹭：嘴全年黑色，趾黄绿色，体型偏小；繁殖羽枕部具2枚长饰羽。**2.大白鹭**：体型更大，颈部具一特殊扭曲，嘴裂延至眼后。**3.黄嘴白鹭**：夏季嘴橙黄色，眼先蓝色，趾黄色，头上有羽冠；冬羽嘴暗褐色，脚、趾均为黄绿色，恰与中白鹭相反。

保护级别

河北省重点保护野生动物。

鹳形目
CICONIIFORMES

夏羽 / 梁长友 摄

夏羽 / 李新维 摄

白鹭
Egretta garzetta

Little Egret
鹭科 Ardeidae　白鹭属 *Egretta*
夏候鸟　常见

形态特征

体长52~68cm。虹膜黄色。嘴黑色。脚黑色，趾黄绿色。全身羽毛白色。**夏羽**：枕部有2枚狭长而软的矛状饰羽。眼先粉红色。前颈和背部具长的蓑羽。**冬羽**：无饰羽和蓑羽。眼先黄绿色。**亚成鸟**：羽色似冬羽。

生态与分布

栖息于稻田、河流、水库、湖泊、沼泽、湿草地、海滩等湿地，筑巢在树上，常与其他鹭类混群。以小鱼、甲壳类、昆虫、蛙类等为食。分布于欧洲、亚洲、非洲及大洋洲。在我国主要分布于长江中下游以南的华南各地及吉林、辽宁、河北、北京、天津、山东、陕西、河南、甘肃、宁夏、青海等地区。河北秦皇岛、唐山和沧州沿海地区及衡水湖、白洋淀、平山、邢台、邯郸、廊坊等地可见。

识别要点

嘴全年黑色；脚黑色，趾黄绿色。

相似种

1.牛背鹭：嘴橙黄色；脚、趾黑褐色。**2.黄嘴白鹭**：嘴橙黄色；饰羽蓑状。**3.中白鹭**：体型更大；脚、趾黑色。**4.大白鹭**：体型大，嘴裂延至眼后，脚、趾黑色。

保护级别

河北省重点保护野生动物；《濒危野生动植物种国际贸易公约》附录Ⅲ物种。

鹳形目
CICONIIFORMES

幼鸟 / 李新维 摄

夏羽 / 李新维 摄

暗色型 / 李新维 摄

黄嘴白鹭
Egretta eulophotes

Chinese Egret

鹭科 Ardeidae　白鹭属 *Egretta*

夏候鸟　偶见

夏羽 / 张明 摄

形态特征

体长46～65cm。虹膜黄色。全身羽毛白色。**夏羽**：嘴橙黄色。脚黑色，趾黄色。眼先蓝色。枕部具矛状饰羽。背部及前颈下部有蓑状长饰羽。**冬羽**：嘴暗褐色，下嘴基部黄色。眼先黄绿色。脚黄绿色。无饰羽。**亚成鸟**：羽色似冬羽。

生态与分布

栖息于稻田、河流、水库、池塘、湖泊、沼泽、海滩等湿地，常单独或成小群活动。以小鱼、甲壳类、水生昆虫和蛙类蝌蚪等为食。繁殖于朝鲜半岛西部及中国东部，冬季南迁至我国西沙群岛及菲律宾、印度尼西亚、马来半岛等地越冬。河北秦皇岛、唐山和沧州沿海地区及衡水湖等地可见。

识别要点

夏季嘴橙黄色，眼先蓝色，趾黄色，头上有羽冠；冬羽嘴暗褐色，下嘴基部黄色，眼先黄绿色，脚、趾均为黄绿色。

相似种

1.牛背鹭：嘴橙黄色；脚、趾黑褐色。**2.白鹭**：嘴黑色；繁殖羽枕部具2枚长饰羽。**3.中白鹭**：体型更大；趾黑色；枕部无饰羽。**4.大白鹭**：嘴裂延至眼后。

保护级别

国家Ⅱ级重点保护野生动物。

鹳形目
CICONIIFORMES
053

冬羽 / 陈建中 摄

夏羽 / 陈建中 摄

牛背鹭
Bubulcus ibis

Cattle Egret
鹭科 Ardeidae　牛背鹭属 *Bubulcus*
夏候鸟　常见

形态特征

体长46～55cm。虹膜金黄色。嘴橙黄色，嘴和颈较其他鹭类更为粗短。脚黑褐色。**夏羽**：头、颈、上胸、背部中央长饰羽橙黄色，身体其余部位均为白色。部分个体脚呈黄褐色。**冬羽**：通体羽毛白色，部分个体仅头部有少许橙黄色羽毛。无饰羽。**亚成鸟**：似成年冬羽。

生态与分布

栖息于沼泽、湖泊、库塘、稻田、农田、草地等，常停栖于牛背上，故名"牛背鹭"。善捕食家畜及水牛从草地引来或惊起的苍蝇。主食昆虫，兼食鱼、蛙类、蜘蛛等。常结群，繁殖于茂密的树林中。分布于全球热带、亚热带及温带地区。在我国除西北地区外皆有分布；在长江流域以南为留鸟，以北地区为夏候鸟。河北秦皇岛、唐山和沧州沿海地区及衡水湖、平山等地可见。

识别要点

嘴短厚，橙黄色；颈较短而头圆；脚、趾黑色。

相似种

1.白鹭：嘴黑色，趾黄绿色；繁殖期具2枚长饰羽。**2.中白鹭**：嘴、颈、脚更细长；繁殖羽嘴黑色，眼先黄绿色。**3.黄嘴白鹭**：全身白色，趾黄色；繁殖期头上具簇状饰羽。

保护级别

河北省重点保护野生动物；《濒危野生动植物种国际贸易公约》附录Ⅲ物种。

鹳形目
CICONIIFORMES

055

冬羽 / 陈建中 摄

换羽中 / 陈建中 摄

夏羽 / 李新维 摄

夏羽 / 赵俊清 摄

池鹭
Ardeola bacchus

Chinese Pond Heron
鹭科 Ardeidae　池鹭属 *Ardeola*
夏候鸟　常见

形态特征

体长37~54cm。虹膜黄色。脚黄色或暗黄色。**夏羽**：嘴黄色，基部蓝色，先端黑色。头、颈栗红色，后头有长饰羽。胸具栗紫色长蓑羽，背部具蓝黑色的长蓑羽，余部白色。**冬羽**：嘴黄褐色，先端黑色。无长蓑羽及饰羽。头、颈、胸淡褐色，具黑褐色纵纹。背深褐色。腹以下白色。**亚成鸟**：无饰羽和蓑羽。背部成棕褐色。颈部、胸部有黑褐色和黄、白色相杂的纵纹。

生态与分布

单独或成小群栖息于稻田、河流、水库、池塘、湖泊、芦苇沼泽等湿地，喜与白鹭、牛背鹭等一起筑巢于茂密的树林。以小鱼、甲壳类、昆虫、蛙类、小蛇等为食。繁殖于西伯利亚、蒙古及中国，冬季南迁至长江以南及东南亚越冬。在我国除黑龙江、宁夏外见于各地。河北秦皇岛、唐山和沧州沿海地区及衡水湖、白洋淀、平山、邢台、廊坊等地有分布。

识别要点

嘴黄色而先端黑色；颈栗红色，背蓝黑色，翅、尾白色；冬羽头、颈、胸淡褐色而具纵纹，背深褐色。

保护级别

河北省重点保护野生动物。

鹳形目
CICONIIFORMES 057

夏羽 / 李新维 摄

夏羽 / 李新维 摄

夏羽 / 赵俊清 摄

冬羽 / 孟德荣 摄

婚姻色 / 赵俊清 摄

绿鹭

Butorides striata

成鸟 / 张明 摄

Striated Heron
鹭科 Ardeidae　绿鹭属 *Butorides*
夏候鸟　偶见

形态特征

体长38~48cm。虹膜黄色。嘴黑色，下嘴基部和边缘黄绿色。脚黄绿色。**成鸟**：头顶和长冠羽绿黑色，冠羽较长且紧贴后脑。背、肩部披长而窄的青铜色矛状羽。喉白色。胸、腹部和两胁灰色。翼上覆羽青铜绿色，具淡色羽缘。颚线黑色。**亚成鸟**：头上近黑色，具白色细纵纹。背部暗褐色。翼有白色斑点。下体皮黄白色，并具暗褐色纵纹。

生态与分布

性孤僻羞怯，常单独栖息于河流、溪流、池塘、湖泊、芦苇沼泽等湿地，筑巢于茂密的树林。以小鱼为食，兼食甲壳类、昆虫、蛙类、软体动物。广泛分布于全球温带、热带及亚热带地区。我国东北地区东南部、河北东部、华东和华南地区及台湾、海南岛有分布。河北秦皇岛、唐山、沧州沿海地区及衡水湖、平泉、邢台等地可见。

识别要点

头冠绿黑色，颚线黑色；背、肩披青铜色矛状羽；翼上覆羽青铜绿色，具白色羽缘；亚成鸟下体黄白色，具暗褐色纵纹。

相似种

夜鹭：体型更显肥胖，虹膜红色；背部蓝黑色；繁殖羽头后具2~3枚白色饰羽；下体白色；幼鸟背面羽色较淡，具淡褐色斑点。

保护级别

河北省重点保护野生动物。

鹳形目
CICONIIFORMES

成鸟 / 李新维 摄

成鸟 / 李新维 摄

亚成鸟 / 李新维 摄

成鸟夏羽 / 李新维 摄

夜鹭
Nycticorax nycticorax

Black-crowned Night Heron
鹭科 Ardeidae　夜鹭属 *Nycticorax*
夏候鸟　常见

形态特征

体长46~60cm。雌雄相似。**成鸟**：虹膜红色。嘴黑色。脚黄色。顶冠黑色。颈及胸白。头后具2~3枚白色丝状羽。背部为有光泽的蓝黑色。两翼及尾灰色。**幼鸟**：虹膜黄色或橙黄色。嘴黄绿色，端部和嘴峰黑色。脚黄绿色。基本为褐色，背部有淡褐色斑点。腹部颜色较淡，且具褐色纵纹。

生态与分布

栖息于稻田、河流、水库、池塘、湖泊、芦苇沼泽等湿地，常成群营群巢或与白鹭、池鹭、牛背鹭等一起筑巢于高大的树上。白天群栖树上休息，黄昏时分外出觅食，清晨返回。以小鱼、甲壳类、昆虫、蛙类等为食。广布于除极地和大洋洲之外的全球温暖的淡水水域。我国除西藏外见于各地。河北秦皇岛、唐山和沧州沿海地区及衡水湖、白洋淀、平山、邢台、廊坊、平泉等地有分布。

识别要点

成鸟虹膜红色，背部蓝黑色而两翼灰色；幼鸟虹膜黄色，背部褐色具淡色斑点。

相似种

绿鹭：身体较瘦小，虹膜黄色；翼有淡色羽缘；亚成鸟背面羽色较暗，仅翼有白色斑点。

保护级别

河北省重点保护野生动物。

鹳形目
CICONIIFORMES

夏羽 / 李新维 摄

幼鸟 / 孟德荣 摄

雌鸟 / 李新维 摄

黄斑苇鳽
Ixobrychus sinensis

Yellow Bittern
鹭科 Ardeidae　苇鳽属 *Ixobrychus*
夏候鸟　常见

形态特征

体长29~38cm。虹膜黄色，瞳孔圆形，眼先裸露皮肤黄绿色。嘴黄褐色，嘴峰黑褐色。脚黄绿色。**雄鸟**：额、头顶及冠羽铅黑色。后颈至背部为黄褐色。翼上覆羽土黄色，飞羽及尾羽黑色。下体黄白色。飞行时其翼上覆羽的土黄色与飞羽、尾羽的黑色形成醒目的两大色块。**雌鸟**：似雄鸟，但头上为栗褐色。颈及胸具褐色纵纹。**幼鸟**：似雌鸟，但褐色较浓。上体缀有黑褐色纵纹。颈暗赤褐色，颈侧和下体黄白色，具粗著的栗色条纹。

生态与分布

常单独或成对出现在河流、池塘、水稻田、湖畔、芦苇沼泽、湿草地。以小鱼、甲壳类、昆虫和蛙为食。分布于东亚、东南亚、南亚及印度。在我国主要分布于东北地区、长江中下游、东南沿海和河北，西至陕西、四川，南抵云南、广东、广西、福建、台湾、海南岛。河北秦皇岛、唐山、沧州、衡水湖、白洋淀、平山、围场塞罕坝、平泉等地有分布。

识别要点

瞳孔圆形；背部黄褐色；翼上覆羽土黄色。

相似种

1.栗苇鳽：瞳孔椭圆形；飞行时翅上覆羽与背成一致的栗红色。**2.紫背苇鳽**：瞳孔狭长；飞行时，背羽、翅上覆羽、飞羽形成3个深浅不同的色块。

保护级别

河北省重点保护野生动物。

鹳形目
CICONIIFORMES   063

雄鸟 / 李新维 摄

雄鸟 / 范怀良 摄

幼鸟 / 孟德荣 摄

雌鸟 / 孟德荣 摄

紫背苇鳽
Ixobrychus eurhythmus

Schrenck's Bittern
鹭科 Ardeidae　苇鳽属 *Ixobrychus*
夏候鸟　较常见

形态特征

体长32～39cm。虹膜黄色，瞳孔椭圆形。嘴黄绿色，嘴峰黑褐色。脚黄绿色。**雄鸟**：头顶黑色，后颈、背部为栗褐色，尾羽黑色。翼上覆羽棕黄色，飞羽灰黑色。胸、腹部为土黄色；喉至胸部中央有一黑褐色纵纹，胸侧有黑褐色斑点。飞行时明显可见由灰黑色飞羽、棕黄色翼覆羽和栗褐色背羽形成三个不同色块。**雌鸟**：大致似雄鸟，但背和两翅有显著的白色斑点；腹部为乳黄色，且杂有黑褐色、黄褐色的斑点。**幼鸟**：似雌鸟，但体色更褐。上体白斑和下体褐色纵纹比雌鸟更显著。

生态与分布

喜单独活动于芦苇地、稻田、湿草地及沼泽地。性孤僻羞怯，常隐于草丛中。以小鱼、甲壳类、昆虫和蛙为食。繁殖于西伯利亚东南部、中国东部、朝鲜半岛及日本，越冬于印度尼西亚、马来半岛和菲律宾。在我国繁殖于东部地区，西至四川，南到广东、广西、福建，迁徙期见于海南岛、台湾。河北秦皇岛、唐山、沧州、衡水湖、白洋淀有分布。

识别要点

背部栗褐色；喉至胸部中央具黑褐色纵纹。

相似种

1.栗苇鳽：雄鸟体背为一致的栗红色，雌鸟背面羽色较浅淡，斑点较少。飞行时翅上覆羽与背成一完整的栗色区域。**2.黄斑苇鳽**：瞳孔圆形；背黄褐色；飞行时翅上覆羽、背羽与初级飞羽和尾羽形成对比明显的两个色块。

保 护 级 别

河北省重点保护野生动物。

雌鸟 / 孟德荣 摄

栗苇鳽

Ixobrychus cinnamomeus

Cinnamon Bittern
鹭科 Ardeidae　苇鳽属 *Ixobrychus*
夏候鸟　少见

幼鸟 / 孟德荣 摄

形态特征

体长30～38cm。虹膜黄色，瞳孔椭圆形。嘴黄色，嘴峰暗褐色。眼先裸露部分与脚均为黄绿色，在繁殖期眼先变为玫瑰红色。**雄鸟**：头顶、后颈、背部栗红色。喉至胸部有一黄黑相杂的纵纹，两旁有白色纵纹。胸、腹部棕黄色，胸侧杂有黑白色斑。**雌鸟**：背部暗褐色，杂有白色斑点。胸、腹部污白色，从颈至胸有数条暗褐色纵纹。**幼鸟**：似雌鸟，但背有淡色羽缘。下体也有更为显著的暗褐色纵纹。

生态与分布

常单独活动于池塘、芦苇沼泽、稻田及湿草地。常伸长脖子立于草丛或芦苇丛中，不易被发现。以小鱼、蛙、甲壳类及水生昆虫为食。分布于东亚、东南亚和南亚。在我国分布于辽宁至华中、华东、西南地区及海南、香港、台湾。河北衡水湖、平山有分布。

识别要点

背部和翅上覆羽同为栗红色。

相似种

1.黄斑苇鳽：瞳孔圆形；头顶铅黑色，飞羽和尾羽黑色；**2.紫背苇鳽**：瞳孔椭圆形；飞行时背羽、翅上覆羽、飞羽形成3个深浅不同的色块；雌鸟背面羽色较暗，斑点较多。

保护级别

河北省重点保护野生动物。

鹳形目
CICONIIFORMES

亚成鸟 / 田穗兴 摄

幼鸟 / 孟德荣 摄

李更生 摄

大麻鳽
Botaurus stellaris

Eurasian Bittern
鹭科 Ardeidae　大麻鳽属 *Botaurus*
夏候鸟/留鸟　常见

形态特征

体长59～77cm。雌雄相似。虹膜黄色。嘴黄绿色，嘴峰暗褐色，嘴基粗，先端尖细。脚黄绿色。**成鸟**：眼先裸皮黄绿色，从嘴角到颈侧有一黑色纵纹。头顶黑褐色。背部黄褐色，具粗大的黑褐色纵纹。后颈部密布黑褐色细横纹。喉到胸部淡黄白色，并具暗褐色粗纵纹。腹部淡黄褐色。尾下覆羽乳白色，具黑色纵纹。**幼鸟**：似成鸟，但头顶较偏褐色。整个体羽较淡和较偏褐色。

生态与分布

栖息于芦苇沼泽、湖泊、河流、养殖塘、湿草地。性隐蔽，警戒时嘴垂直向上，有时耸起头、颈部羽毛作威吓状。以小鱼、水生昆虫、甲壳类动物为食。分布于欧亚大陆及非洲。在我国除西藏和青海外，见于各地。河北各地都有分布。

识别要点

头顶黑褐色，背部黄褐色且具粗著的黑褐色纵纹；喉至胸淡黄白色，具暗褐色粗纵纹；嘴角到颈侧具一黑色纵纹。

保护级别

河北省重点保护野生动物。

鹳形目
CICONIIFORMES 069

李新维 摄

李更生 摄

成鸟 / 范怀良 摄

彩鹳
Mycteria leucocephala

Painted Stork
鹳科 Ciconiidae　鹮鹳属 *Mycteria*
夏候鸟　罕见

形态特征

体长93～102cm。雌雄相似。嘴橙黄色，粗长而先端微向下弯曲。脚特长，肉棕色或红色。**夏羽**：脸至头顶赤裸无羽，红色。枕、颈、背和胸白色，下胸具宽阔的黑白相间的横带。初级飞羽、次级飞羽和尾羽黑色，内侧次级飞羽和三级飞羽淡红白色，羽缘和先端深粉红色，小覆羽、中覆羽黑色，具宽阔的白色羽缘。**冬羽**：似夏羽，但脸至头顶裸皮橘黄色。**亚成鸟**：通体淡灰褐色。下胸部无黑白相间的横带。小覆羽、中覆羽褐色，大覆羽淡褐色。

生态与分布

栖息于池塘、湖泊、河流、沼泽、草地和农田。主要以鱼类为食，也吃蛙类、蜥蜴、昆虫和甲壳类动物。分布于印度、斯里兰卡、巴基斯坦、孟加拉国、泰国、越南、缅甸。在我国分布于河北、西藏、云南、四川、江西、江苏、福建、广东、海南。在河北见于东部沿海地区，但20世纪50年代后已无记录。

识别要点

嘴橙黄色，粗长，先端微下弯；脸至头顶赤裸无羽，小、中覆羽黑色而具宽阔的白色羽缘。

保护级别

国家Ⅱ级重点保护野生动物。

鹳形目
CICONIIFORMES 071

成鸟 / 范怀良 摄

成鸟 / 李新维 摄

黑鹳
Ciconia nigra

Black Stork
鹳科 Ciconiidae　鹳属 *Ciconia*
夏候鸟 / 留鸟 / 旅鸟　较常见

形态特征

体长100～120cm。雌雄相似。**成鸟**：嘴、脚、眼周及眼先裸露皮肤朱红色。下胸、腹部及尾下覆羽白色。身体其余部位黑色，并具绿色和紫色的金属光泽。**亚成鸟**：嘴、脚及眼周灰绿色。头、颈、上体褐色，下体白色。颈和上胸部有污白色斑点。

生态与分布

栖息于开阔的滩涂、鱼虾养殖塘、芦苇沼泽、湖泊、水库、河渠、草地。主要以小型鱼类为食，也吃蛙类、蜥蜴、昆虫、甲壳类和软体动物。分布于欧亚大陆及非洲。在我国除青藏高原外遍及全国。在河北秦皇岛、唐山和沧州沿海地区及衡水湖、白洋淀、平山、塞罕坝、平泉、沽源等地有分布。

识别要点

嘴、眼周、脚红色，头、颈、上体黑色而下胸、腹白色。

保护级别

国家Ⅰ级重点保护野生动物；《濒危野生动植物种国际贸易公约》附录Ⅱ物种。

鹳形目
CICONIIFORMES   073

李新维 摄

谷国强 摄

东方白鹳
Ciconia boyciana

Oriental White Stork
鹳科 Ciconiidae   鹳属 *Ciconia*
旅鸟   较常见

形态特征

体长110～128cm。虹膜黄白色，眼周和眼先的裸露皮肤红色。嘴黑色，长而粗壮，往尖端逐渐变细。脚暗红色。**成鸟**：初级飞羽、次级飞羽以及初级覆羽和大覆羽黑色，且有铜绿色光泽。身体其余部位白色。前颈下部有少许蓬松的饰羽。飞行时，嘴略有下垂。站立时，后背部由于有初级和次级飞羽的覆盖而成黑色。**亚成鸟**：似成鸟，但飞羽羽色较淡，呈褐色，金属光泽也较弱。

生态与分布

栖息于开阔的河流、湖泊、芦苇沼泽、盐田养殖塘、潮间带滩涂等地。主要以鱼为食，也吃蛙类、小型啮齿类、蜥蜴、昆虫及软体动物。分布于东亚地区。在我国繁殖于东北地区、山东、安徽等地；越冬于长江流域，近年来在天津北大港湿地和辽宁旅顺有上百只的越冬种群。在河北秦皇岛、唐山和沧州沿海地区及衡水湖、白洋淀、平山等地有分布。

识别要点

嘴粗长、黑色，脚暗红色；体羽白色而飞羽黑色。

保护级别

《濒危野生动植物种国际贸易公约》附录Ⅰ物种。

鹳形目
CICONIIFORMES　　　　075

谷国强 摄

孟德荣 摄

亚成鸟 / 梁长友 摄

黑头白鹮
Threskiornis melanocephalus

Black-headed Ibis
鹮科 Threskiornithidae　白鹮属 *Threskiornis*
旅鸟　罕见

形态特征

体长65~75cm。嘴黑色，长而下弯。脚黑色。头和上颈裸出，裸皮黑色。全身大致白色，翅下有一明显的红色裸区，似"血痕"。蓬松丝状的三级飞羽灰色。**夏羽**：头颈部裸出黑皮缀有蓝色。背及前颈下部有延长的灰色饰羽。**冬羽**：头颈部裸出黑皮不缀蓝色。背及前颈下部无延长的灰色饰羽。**亚成鸟**：头颈被羽，头灰黑色，杂有灰白色羽毛。初级飞羽末端灰黑色。

生态与分布

栖息于芦苇沼泽、湿草地、水稻田及河湖岸边。常单独或成小群活动。以昆虫、蛙类、小鱼、甲壳类、蠕虫和软体动物为食。分布于印度及东南亚地区。在我国繁殖于东北地区，迁徙期经秦皇岛、天津、山东、江苏、云南，至福建、台湾、广东和海南岛等地越冬。在河北秦皇岛偶见。

识别要点

嘴黑色，长而下弯，脚黑色；头和上颈裸皮黑，全身大致白色。

保护级别

国家Ⅱ级重点保护野生动物；《濒危野生动植物种国际贸易公约》附录Ⅲ物种。

鹳形目
CICONIIFORMES

亚成鸟／梁长友 摄

夏羽 / 张明 摄

彩鹮
Plegadis falcinellus

Glossy Ibis
鹮科 Threskiornithidae　彩鹮属 *Plegadis*
夏候鸟　罕见

形态特征

体长49~66cm。嘴粉紫色，细长而向下弯曲。有一道细的白色弧线由眼后绕过眼睛上下向前延伸，在嘴的上下基部相连。脚褐色或暗灰橄榄色。**夏羽**：眼先淡蓝色。头金属绿色。颈和下体暗栗红色。尾下覆羽黑色而具紫色光泽。后颈、上背和翅上缘紫栗色。下背、腰、尾和翅暗铜绿色。**冬羽**：眼先紫黑色。头至颈暗褐色，杂有白色羽毛。**亚成鸟**：似成鸟冬羽，但羽色较暗淡而少栗紫色。

生态与分布

栖息于浅水湖泊、沼泽、河流、水塘、湿草地、水稻田等淡水水域，有时也到海边的沼泽及河口地带活动。白天活动和觅食，夜晚飞回离觅食水域较远的树上栖息。以昆虫、甲壳类和软体动物为食。分布于欧洲、亚洲、非洲、美洲。在我国偶见于河北、上海、浙江、福建、台湾、广东沿海岛屿。在河北偶见于衡水湖。

识别要点

嘴粉紫色，细长而下弯；眼先上下缘具白线，颈和下体暗栗红色。

保护级别

国家Ⅱ级重点保护野生动物。

鹳形目
CICONIIFORMES

冬羽 / 李新维 摄

白琵鹭
Platalea leucorodia

White Spoonbill
鹮科 Threskiornithidae　琵鹭属 *Platalea*
旅鸟　较常见

亚成鸟 / 李新维 摄

形态特征

体长74~88cm。虹膜红色。嘴长直而上下扁平，灰黑色，端部扩大成匙状，先端向下弯曲，黄色，上嘴具横皱纹。脚黑色。嘴基至眼先有一黑线。**夏羽**：颏和上喉具橙黄色裸皮，枕部具橙黄色丝状冠羽，胸部具橙黄色环带，其余全白色。**冬羽**：无橙黄色长冠羽和胸带，全身白色。**亚成鸟**：似成鸟冬羽，但无饰羽。第一至第四枚初级飞羽外缘及端部为黑褐色，肩羽、小翼羽、初级覆羽、大覆羽、中覆羽及各级飞羽的羽干纹黑褐色。虹膜褐色。嘴暗黄褐色，上嘴平滑而无皱纹。

生态与分布

喜结群活动于河流、鱼蟹塘、湖泊、芦苇沼泽、海滨潮间带泥滩。在水中缓慢行进，嘴往两旁甩动以寻找食物。主要以小鱼、甲壳类、昆虫和软体动物为食。分布于欧亚大陆及非洲地区。在我国繁殖于东北地区及新疆、甘肃、山西等地，冬季南迁经中部至长江下游及江西、广东、福建、台湾等东南沿海地区越冬。在河北秦皇岛、唐山和沧州沿海地区及衡水湖、白洋淀、平山、沽源等地有分布。

识别要点

嘴形如琵琶，灰黑色而端部黄色；眼周白色，仅眼先具黑色线。

相似种

黑脸琵鹭：嘴全黑而无黄色部分；额、眼周、嘴基黑色相连。

保护级别

国家Ⅱ级重点保护野生动物；《濒危野生动植物种国际贸易公约》附录Ⅱ物种。

鹳形目
CICONIIFORMES 081

冬羽 / 孟德荣 摄

亚成鸟 / 孟德荣 摄

黑脸琵鹭

Platalea minor

夏羽 / 李新维 摄

Black-faced Spoonbill
鹮科 Threskiornithidae　琵鹭属 *Platalea*
旅鸟　偶见

形态特征

体长60～78cm。虹膜红色。嘴长直而上下扁平，黑色，端部扩大成匙状，先端向下弯曲；上嘴具横皱纹，而且皱纹随年龄增加。脚黑色。前额、眼周、嘴基的黑色相连，有的个体眼先具黄斑。**夏羽**：全身白色，但枕部长冠羽和延至后颈的胸带为橙黄色。**冬羽**：全身白色，无橙黄色长冠羽和胸带。**亚成鸟**：似成鸟冬羽，但虹膜暗褐色。嘴黑褐色或红褐色，上嘴平滑而无皱纹。初级飞羽外缘端部黑色。

生态与分布

活动于沿海潮间带滩涂、河口、芦苇沼泽、水稻田及鱼蟹塘，常和白琵鹭混群。在水中用嘴向左右甩动觅食。主要以小鱼、甲壳类、昆虫和软体动物为食。繁殖于我国辽东半岛外海岛屿、朝鲜半岛，迁徙期间经我国东部沿海地区，至广东、香港、海南岛、福建、台湾等沿海地区越冬，少数到越南、泰国、菲律宾、韩国、日本越冬。迁徙期偶见于河北秦皇岛、唐山、沧州沿海地区。

识别要点

嘴形如琵琶，全黑色而无黄色部分；眼周黑色与额、眼先、嘴基黑色相连。

相似种

白琵鹭：嘴灰黑色，先端黄色；眼周白色，眼先黑色部分较窄，能清晰看出眼睛。

保护级别

国家Ⅱ级重点保护野生动物。

鹳形目
CICONIIFORMES

冬羽 / 孟德荣 摄

夏羽 / 李新维 摄

冬羽 / 孟德荣 摄

雁形目
ANSERIFORMES

　　游禽。栖息于各种水域生境，善于游泳和潜水。杂食性。嘴扁平状，先端具嘴甲，两侧边缘具栉状突。翅狭长而尖，多数种类具翼镜，闪金属光泽。体羽光滑稠密，绒羽发达。脚短而靠后，满蹼足，后趾较短而位置高。尾脂腺发达。雌雄同色或异色，异色者雄鸟较大且羽色艳丽，常具金属光泽。雄鸟具交配器官。配偶为一雄一雌制。雏鸟早成性。

　　全世界共有2科44属160种，中国有1科20属51种，河北省有1科15属41种。

疣鼻天鹅
Cygnus olor

雄鸟 / 李新维 摄

Mute Swan

鸭科 Anatidae　天鹅属 *Cygnus*

旅鸟 / 冬候鸟　较常见

形态特征

体长130～155cm。雌雄同色。**雄鸟**：虹膜暗褐色。上嘴红色，嘴基、先端中央及下嘴黑色。脚黑色。前额基部有黑色瘤状凸起。眼先黑色裸露，与黑色嘴基相连。全身羽毛白色，头顶至枕略沾淡棕色。**雌鸟**：似雄鸟，但前额瘤突不明显。体型较小。**亚成鸟**：嘴灰紫色，嘴基黑色无瘤突。前额、眼先裸露，黑色。头、颈淡棕灰色。飞羽灰白色，尾淡棕灰色，具污白色端斑。下体羽色浅淡，多呈淡棕灰色。脚绿褐色。

生态与分布

栖息于开阔的湖泊、河流、芦苇沼泽、水库、海湾等水域。主食水生植物的叶、芽、根、茎、种子、果实，兼食藻类、螺类、小鱼等。繁殖于欧洲至中亚和我国北部的草原湖泊，越冬于非洲北部及印度、日本、朝鲜、中国（南部）。河北秦皇岛、唐山、沧州沿海地区及衡水湖等地有分布。

识别要点

成鸟嘴赤红色，嘴基及前额黑色；幼鸟嘴灰色，嘴基部黑色。

保护级别

国家Ⅱ级重点保护野生动物。

雁形目
ANSERIFORMES
087

雄鸟 / 李新维 摄

大天鹅
Cygnus cygnus

亚成鸟 / 李新维 摄

Whooper Swan
鸭科 Anatidae 天鹅属 *Cygnus*
旅鸟 / 冬候鸟 常见

形态特征
体长120～160cm。**成鸟**：雌雄同色，雄鸟略大。嘴黑色，眼先至上嘴基黄斑沿两侧嘴缘向前延至鼻孔之下。全身白色，仅头部稍沾棕黄色。脚黑色。**幼鸟**：嘴基青灰色或粉红色，嘴端黑色。全身淡灰褐色，头和颈部较暗。

生态与分布
栖息于开阔的湖泊、河流、芦苇沼泽、水库、池塘、盐田及海湾等水域及农田。主食水生植物的叶、芽、根、茎、种子和果实，兼食少量的螺类、水生昆虫和小鱼等，冬季也到农田觅食谷物和幼苗。繁殖于欧亚大陆北部，越冬于中欧、中亚及朝鲜半岛、日本和中国华中到东南沿海一带。河北各湿地均有分布，沧州沿海湿地有数十只的越冬种群。

识别要点
嘴基黄色延伸超过鼻孔且侧缘黄斑尖角形，颈显细长，头顶较平。

相似种
小天鹅：体型明显较小，颈部相对较粗短，嘴基黄斑不及鼻孔。

保护级别
国家Ⅱ级重点保护野生动物。

雁形目
ANSERIFORMES

089

李新维 摄

成鸟 / 孟德荣 摄

成鸟 / 李新维 摄

小天鹅
Cygnus columbianus

Tundra Swan

鸭科 Anatidae　天鹅属 *Cygnus*

旅鸟 / 冬候鸟　常见

形态特征

体长110～135cm。**成鸟**：雌雄同色，雄鸟略大。嘴黑色，眼先至上嘴基两侧黄斑向前延伸不及鼻孔。全身白色，仅头部稍沾棕黄色。脚黑色。**幼鸟**：嘴基白色或粉红色，嘴端黑色。全身淡灰褐色，头和颈部较暗。

生态与分布

成群或家族活动于开阔的湖泊、河流、芦苇沼泽、水库、池塘、盐田、海湾及农田，性活泼而机警。以水生植物根、茎、种子及昆虫、螺等为食。繁殖于欧洲、亚洲及北美洲的苔原地带，越冬于欧洲、中亚及日本和中国长江流域至东南沿海。河北各湿地均有分布，沧州沿海湿地有数十只的越冬种群。

识别要点

上嘴基部黄色区域延伸不过鼻孔且侧缘非尖角形，头顶较圆，颈较粗短。

相似种

大天鹅：眼先和嘴基黄斑向前延至鼻孔之下。

保护级别

国家 II 级重点保护野生动物。

雁形目
ANSERIFORMES

成鸟 / 李显达 摄

成鸟 / 李新维 摄

成鸟 / 李新维 摄

鸿雁
Anser cygnoides

Swan Goose
鸭科 Anatidae 雁属 *Anser*
旅鸟 常见

形态特征

体长80～93cm。**成鸟**：雌雄同色，雄鸟略大。嘴黑色。脚橙黄色。前额与嘴成一直线，嘴基部与前额间有一白色细环纹。头顶至后颈暗茶褐色，与前颈的白色对比明显。背、肩、腰、翅覆羽及三级飞羽暗灰褐色，具淡色羽缘。前颈下部和胸部肉桂色。下腹及尾下覆羽白色。胁部有暗褐色横斑。尾上覆羽白色，尾灰黑色，但尾外侧及末端白色。**幼鸟**：似成鸟，但嘴基白色细环纹不明显或无。头上至后颈羽色较暗。

生态与分布

成群栖息于河流、湖泊、芦苇沼泽、水库、池塘、盐田、海湾及农田。多在傍晚和夜间觅食，主食各种草本植物，也吃少量甲壳类和软体动物。繁殖于西伯利亚、蒙古及中国东北地区，越冬于朝鲜半岛及日本和中国东部、长江中下游至台湾。河北多数湿地有分布。

识别要点

嘴黑色，嘴基具白色环纹；白色前颈与茶褐色后颈界限分明。

保护级别

河北省重点保护野生动物。

雁形目
ANSERIFORMES

成鸟 / 李新维 摄

成鸟 / 李新维 摄

豆雁
Anser fabalis

谷国强 摄

Bean Goose
鸭科 Anatidae　雁属 *Anser*
冬候鸟/旅鸟　常见

形态特征
体长69~80cm。**成鸟**：雌雄相似。嘴黑色，嘴甲后有一橘黄色带斑。脚橙黄色。头、颈棕褐色。肩、背灰褐色且具淡黄白色羽缘。翼褐色，具白色羽缘。尾上覆羽白色，尾黑色，但尾外侧及末端白色。喉和胸淡棕褐色。两胁具灰褐色横斑。腹部污白色。尾下覆羽白色。

生态与分布
成群栖息于河流、湖泊、芦苇沼泽、水库、池塘、盐田、海湾、草地及农田。主食各种草本植物，也吃少量的软体动物。广布于欧亚大陆。繁殖于欧洲北部、西伯利亚从西至东接近北极地区，越冬于欧洲西部和中南部、中东、亚洲中部和东部。我国除西藏、四川、贵州、云南外，见于各地。河北各地均有分布，在北部为旅鸟、中南部为冬候鸟。

识别要点
嘴黑色，近端部具橘黄色横斑。

相似种
1.鸿雁：嘴黑色；前颈白色与后颈的茶褐色对比明显。**2.灰雁**：嘴与脚均粉红色。

保护级别
河北省重点保护野生动物。

雁形目
ANSERIFORMES

谷国强 摄

成鸟 / 谷国强 摄

白额雁
Anser albifrons

White-fronted Goose
鸭科 Anatidae　雁属 *Anser*
旅鸟 / 冬候鸟　较常见

形态特征

体长64～80cm。雌雄相似。**成鸟**：嘴粉红色。脚橘黄色。前额与嘴基间具白色宽带斑，白斑后缘黑色。头、颈及背部暗褐色，背部具淡色羽缘。尾上覆羽白色，翼、尾羽黑褐色，尾端白色。胸、腹灰褐色，具不规则黑色粗横斑。下腹及尾下覆羽白色。**幼鸟**：嘴橘黄色，嘴基及额的白色带斑不明显。腹部黑斑不明显。

生态与分布

常结小群活动于湖泊、河流、芦苇沼泽、水库、池塘、海湾、草地及农田。多白天觅食，以植物的芽、嫩叶、根、种子、果实为食。性胆小，常白天休息，晚上迁徙。广布于欧亚大陆及北美洲。我国各地均有分布。在河北秦皇岛、唐山、沧州沿海地区及衡水湖、白洋淀、平山等地有分布。

识别要点

嘴粉红色，嘴基和前额白色较小，不后延至眼上。

相似种

小白额雁：嘴、颈明显较短；额上白色范围延伸至眼上方，具黄色眼圈。

保护级别

国家Ⅱ级重点保护野生动物。

雁形目
ANSERIFORMES

谷国强 摄

成鸟 / 谷国强 摄

李新维 摄

成鸟 / 陈建中 摄

小白额雁
Anser erythropus

Lesser White-fronted Goose
鸭科 Anatidae　雁属 *Anser*
旅鸟　偶见

形态特征

体长56~60cm。似白额雁，但体型较小，体色较深。雌雄相似。**成鸟**：嘴细短，粉红色，嘴甲淡白色。眼圈黄色明显。脚橘黄色。前额与嘴基间的白斑较宽，向上延伸至双眼上方，白斑后缘黑色。头、后颈、背暗褐色，背部具黄白色羽缘。尾上覆羽白色，尾羽黑褐色，尾端白色。翼灰色且具白色羽缘。前颈、上胸暗褐色；下胸灰褐色且具棕白色羽缘。腹白色而杂以黑色斑块。两胁灰褐色，具黄白色羽缘。**幼鸟**：嘴肉色，嘴甲黑。额上白斑不明显。腹部黑斑不明显。体色较成鸟淡。

生态与分布

栖息于湖泊、河流、芦苇沼泽、水库、海湾、草地、农田。以植物的芽、嫩叶、种子、果实为食。繁殖于欧亚大陆北部，越冬于欧洲东南部及埃及、土耳其、印度、朝鲜、日本和中国长江中下游至东南沿海地区。在河北秦皇岛、南大港、衡水湖等地有分布。

识别要点

眼圈金黄色；嘴粉红色，嘴基和前额白色区域较大，后延至眼上。

相似种

白额雁：嘴明显粗长；颈部亦较长；额部白斑不上延，无黄色眼圈。

保护级别

河北省重点保护野生动物。

雁形目
ANSERIFORMES

成鸟 / 陈建中 摄

灰雁
Anser anser

成鸟／孟德荣 摄

Graylag Goose
鸭科 Anatidae 雁属 *Anser*
旅鸟／冬候鸟 常见

形态特征

体长70～90cm。雌雄相似，雄鸟略大。**成鸟**：嘴粉红色，嘴甲近白色。眼圈粉红色或橙色。脚粉红色。头至背及两肩灰褐色，背及两肩具棕白色羽缘。腰灰色。尾上覆羽白色；尾褐色，端部及两侧白色。头侧、颈和前颈灰色。胸、腹污白色，杂有暗褐色斑。两胁淡灰褐色，羽端灰白色。下腹部和尾下覆羽白色。飞行时，浅色的翼前区与深色的飞羽对比明显。**幼鸟**：上体暗灰褐色。胸和上腹部灰褐色，无黑色斑块。两胁无白色横斑。

生态与分布

栖息于湖泊、芦苇沼泽、水库、海湾、草地及农田。以植物的根、茎、嫩叶、幼芽、种子、果实为食，有时也吃螺类、虾、昆虫等动物性食物。分布于欧亚大陆温带和亚热带地区、非洲北部。我国各地均有分布。河北秦皇岛、沧州、衡水湖、平山等地有分布。

识别要点

嘴、脚粉红色；眼圈粉红色或橙色。

相似种

1.豆雁：嘴黑色，嘴甲后具橘黄色带斑；羽色明显深。**2.鸿雁**：嘴黑色；淡色前颈与深色后颈对比明显。**3.白额雁**：嘴基和额部白斑明显；脚橘黄色。

保护级别

河北省重点保护野生动物。

雁形目
ANSERIFORMES

孟德荣 摄

李新维 摄

李新维 摄

斑头雁
Anser indicus

Bar-headed Goose
鸭科 Anatidae　雁属 *Anser*
迷鸟　罕见

形态特征

体长62～85cm。雌雄相似，雄鸟略大。**成鸟**：嘴橙黄色，嘴甲黑色。脚黄色。头和颈侧白色，头顶后部有2道黑色带斑。前、后颈暗褐色。背和翼覆羽淡灰褐色，具棕白色羽缘。腰及尾上覆羽白色。尾灰褐色，端部白色。胸、上腹灰色，下腹及尾下覆羽污白色。两胁暗灰色，具暗栗色宽阔羽端斑。**幼鸟**：头顶污黑色，不具横斑。颈灰黑色杂白色。胸、腹灰白色。两胁淡灰色，无暗栗色羽端斑。

生态与分布

栖息于湖泊、河流、沼泽地。主食禾本科、莎草科、豆科植物，兼食贝类和昆虫。繁殖于亚洲中部，越冬于印度北部及缅甸。在我国，繁殖于青海、西藏、新疆西部的高山湖泊和东北部的呼伦池及克鲁伦河一带，越冬于中部及西藏南部。河北北戴河有记录，沧州泊头市有救护记录。

识别要点

嘴橙黄色，先端黑色，脚黄色；白色头部的后方具2道黑色带斑。

雁形目
ANSERIFORMES

成鸟 / 孟德荣 摄

李新维 摄

孙华金 摄

雪雁
Anser caerulescens

Snow Goose
鸭科 Anatidae 雁属 *Anser*
迷鸟 罕见

形态特征

体长54~80cm。雌雄相似。**成鸟**：嘴短厚，赤红色。脚淡紫色或红色。全身白色；初级飞羽黑色，基部淡灰色；初级覆羽灰色。**幼鸟**：似成鸟，头顶、颈背及上体近灰色。翼覆羽白色染灰色。

生态与分布

主食植物的幼芽、嫩叶、种子、果实，兼食小型无脊椎动物。繁殖于北美洲西部极北地区及西伯利亚东北部的苔原冻土带，越冬在北美洲西部、西伯利亚东部沿海，偶见于日本及中国河北、天津、山东、江苏、江西等地区，冬季多栖息于农田和草地。河北保定、高碑店曾有记录，但已多年未再发现。

识别要点

嘴赤红色，除翅尖黑色外通体白色。

保护级别

河北省重点保护野生动物。

雁形目
ANSERIFORMES

孙华金 摄

成鸟 / 梁长友 摄

黑雁
Branta bernicla

Brent Goose
鸭科 Anatidae　黑雁属 *Branta*
冬候鸟　罕见

形态特征

体长56～89cm。雌雄相似。**成鸟**：虹膜暗褐色。嘴、脚黑褐色。头、颈至上胸黑褐色，颈侧具白斑。背、下胸至上腹黑褐色，背具淡色羽缘。两胁具白色横斑。下腹、尾下覆羽及尾上覆羽白色，尾羽黑褐色。**幼鸟**：似成鸟，但颈侧无白斑。翅上多具白色横纹。

生态与分布

冬季栖息于沿海草地及河口地带，以水草及植物嫩叶为食。繁殖于北美洲及西伯利亚的苔原冻土带，越冬于欧洲、北美洲（南部）及日本和中国东北地区、东部沿海地区。河北秦皇岛有分布。

识别要点

嘴、脚、头、颈黑褐色，颈侧具白斑。

雁形目
ANSERIFORMES

107

范怀良 摄

成鸟 / 梁长友 摄

赤麻鸭
Tadorna ferruginea

Ruddy Shelduck
鸭科 Anatidae　麻鸭属 *Tadorna*
夏候鸟/旅鸟/冬候鸟　常见

雄鸟/赵俊清 摄

形态特征

体长51～68cm。嘴、脚黑色。**雄鸟夏羽**：头顶棕白色。颈、喉、上颈淡棕黄色。脸部分白色。颈部具黑色细环。下颈部、背部及胸部以下均为橙黄色。翼尖、尾黑色，翼上具白斑。翼镜为带有光泽的暗绿色。**雄鸟冬羽**：颈部无黑色细环。**雌鸟**：似雄鸟，但羽色较淡。头至上颈黄白色，颈基无黑色细颈环。**幼鸟**：似雌鸟，但体色稍暗。头部和上体微沾灰褐色。

生态与分布

栖息于滩涂、盐田、河口、湖泊、芦苇沼泽、水塘等地带，有时到农田、草地觅食。主食植物的叶、芽、种子和果实，兼食昆虫、虾、软体动物等，多于晨、昏觅食。分布于欧洲东南部及非洲、亚洲。我国东北地区、西北地区及内蒙古为其繁殖区，华中和华南地区为其越冬区。河北各湿地均有分布，在北部为夏候鸟，中南部为旅鸟或冬候鸟。

识别要点

嘴黑色；通体棕黄色，飞行时翼尖黑色。

雁形目
ANSERIFORMES

雌鸟与雏鸟 / 赵俊清 摄

雌鸟 / 李新维 摄

雄鸟 / 李新维 摄

雄鸟夏羽 / 陈建中 摄

翘鼻麻鸭
Tadorna tadorna

Common Shelduck
鸭科 Anatidae　麻鸭属 *Tadorna*
夏候鸟 / 旅鸟 / 冬候鸟　常见

形态特征

体长52～63cm。虹膜棕褐色或褐色。嘴红色，略上翘。脚肉红色。**雄鸟夏羽**：上嘴基部具红色瘤状凸起。头及上颈黑色，具绿色金属光泽。下颈、背、腰、尾上覆羽及尾羽白色，尾端黑色。肩羽和初级飞羽黑褐色。次级飞羽外翈金属绿色，形成绿色翼镜。三级飞羽外翈栗色。翅上覆羽白色。由上背至胸具宽阔的栗色胸带，胸部栗色环带中间有1条黑褐色纵带向后经腹部一直延伸至肛周。尾下覆羽淡栗褐色。**雄鸟冬羽**：上嘴基部无红色瘤状突，羽色较淡。**雌鸟**：似雄鸟，但嘴基无瘤突。头、颈部绿色光泽不明显。前额多有白色细斑。胸部栗色胸带较窄。腹部黑色纵带变为淡褐色而且较模糊。尾下覆羽近白色。**亚成鸟**：脸侧有白斑，体色较淡而斑驳。

生态与分布

栖息于海边滩涂、盐田、湖泊、水库及河口地带。喜结群活动。杂食性，以昆虫、甲壳类、软体动物、植物的叶子与种子、藻类等为食。广泛分布于欧亚大陆与非洲。在我国除海南外，见于各地。河北大部分湿地有分布，在北部为夏候鸟，中南部为旅鸟或冬候鸟。

识别要点

嘴红色并上翘；头、颈黑色，具栗色胸带。

雁形目
ANSERIFORMES

冬羽 / 李新维 摄

夏羽 / 崔建军 摄

雄鸟 / 田穗兴 摄

棉凫
Nettapus coromandelianus

Cotton Pygmy Goose
鸭科 Anatidae　棉凫属 *Nettapus*
夏候鸟　罕见

形态特征

体长30~33cm，鸭科中体型最小的一种。**雄鸟**：虹膜红色，眼周黑色。嘴峰黑棕色。跗蹠黑色，蹼黄色。额至头顶黑褐色，头至颈大致白色，颈基领环黑色。背、两翼及尾皆黑色而带绿色。胸以下白色，两胁灰白色且有暗色细纹。飞行时白色翼斑明显。**雌鸟**：虹膜红棕色。下嘴黄褐色，嘴峰灰褐色。跗蹠两侧及后缘青黄色。额至头顶及过眼纹黑褐色。背部黑褐色。头、颈、胸污白色，颈、胸具黑褐色细波纹。腹以下污白色，两胁灰褐色。

生态与分布

常活动于多水草的池塘、河道、湖泊、芦苇沼泽、稻田。营巢于树上洞穴。白天觅食，主食水生和陆生植物的幼芽、嫩叶、根、种子、果实，兼食水生昆虫、甲壳类、软体动物、小鱼等动物性食物。分布于印度、中国（南部）和东南亚及新几内亚、澳大利亚。在河北北部夏季偶见夏候鸟。

识别要点

嘴黑棕色，眼红色或红棕色；头侧白色，雌鸟有暗色贯眼纹。

保护级别

河北省重点保护野生动物。

雁形目
ANSERIFORMES

雄鸟 / 张明 摄

雄鸟 / 田穗兴 摄

鸳鸯
Aix galericulata

雄鸟 / 孟德荣 摄

Mandarin Duck
鸭科 Anatidae　鸳鸯属 *Aix*
旅鸟　较常见

形态特征

体长38～45cm。虹膜暗褐色。脚橙黄色。**雄鸟夏羽**：嘴鲜红色，先端嘴甲黄白色。眼圈白色，眼后的宽白眉纹一直后延至颈侧与冠羽相汇。额及头顶深蓝绿色，后头栗紫色，后颈有橙紫色和暗蓝绿色羽组成冠羽。颊橙黄色，羽毛延伸至颈部。背褐色带有蓝、绿色金属光泽，最后一枚三级飞羽的内翈扩大并可直立呈棕黄色"帆羽"，翼镜蓝绿色，末端白色。下颈、胸暗紫色，胸侧具2条黑白相间条纹。下胸至尾下覆羽白色，两胁土黄色。**雄鸟冬羽**：似雌鸟，但嘴为淡橙红色。**雌鸟**：嘴灰褐色，嘴基有白色细环。头至颈灰色。白色的眼圈及眼后纹明显。背暗褐色。翼镜蓝绿色，末端白色。胸、胁暗褐色，杂有淡褐色斑点。腹以下白色。

生态与分布

栖息于河流、湖泊、芦苇沼泽、水库、池塘等地带。杂食性，以植物的幼芽、嫩叶、种子、果实和藻类以及昆虫、蜗牛、虾、小鱼、蛙类等为食。分布于亚洲东部。在我国，除新疆、西藏、青海外，见于各地。河北多数湿地有分布。

识别要点

雄鸟嘴红色，白色眼圈与宽阔白色眉纹相连；雌鸟嘴灰褐色，具白色眼圈及细眼后纹。

保护级别

国家Ⅱ级重点保护野生动物。

雁形目
ANSERIFORMES

雄鸟（左）雌鸟（右）／李新维 摄

雄鸟／李新维 摄

雄鸟夏羽 / 李新维 摄

赤颈鸭
Anas penelope

Eurasian Wigeon
鸭科 Anatidae　河鸭属 *Anas*
旅鸟 / 冬候鸟　常见

形态特征

体长41~52cm。虹膜棕褐色。嘴蓝灰色，先端黑色。脚灰黑色。颈部短。**雄鸟夏羽**：头至上颈棕红色。额至头顶乳黄色。背及两胁灰白色并杂有黑色细波纹。体侧有一醒目的白斑。翼上覆羽白色，翼镜翠绿色，其前、后缘黑色。下颈、胸淡栗色。腹部白色。尾下覆羽黑色。**雄鸟冬羽**：似雌鸟，但翼覆羽白色。**雌鸟**：头、颈至胸褐色，具黑褐色斑。眼周有黑晕。背黑褐色，羽缘淡色。两胁多棕色。腹以下白色。尾下覆羽具暗褐色斑。

生态与分布

栖息于湖泊、芦苇沼泽、水库、盐田及河口地带。主食植物的幼芽、嫩叶、根、种子、果实，也食藻类等。分布于亚洲、欧洲、非洲。在我国各地区可见。河北多数湿地有分布，在北部为旅鸟，中南部为旅鸟或冬候鸟。

识别要点

嘴蓝灰色，先端黑色；雄鸟头颈棕红色，额至头顶乳黄色；雌鸟眼周有黑晕。

相似种

红头潜鸭：头上无乳黄色；胸部黑色。

保护级别

河北省重点保护野生动物；《濒危野生动植物种国际贸易公约》附录Ⅲ物种。

雄鸟（左）雌鸟（右）/ 李新维 摄

雌鸟（左）雄鸟（右）/ 李新维 摄

雄鸟 / 李新维 摄

雄鸟 / 李新维 摄

罗纹鸭
Anas falcata

Falcated Duck
鸭科 Anatidae　河鸭属 *Anas*
冬候鸟 / 旅鸟　常见

形态特征

体长40～52cm。虹膜暗褐色。嘴黑色。脚暗灰色。**雄鸟**：嘴基与前额交界处有小白斑。头顶至后颈暗栗色，头侧至后颈为具光泽的暗绿色。喉至前颈白色，具黑色颈环。背与两胁灰白色，并杂有黑色波状细纹。翼镜暗绿色，前、后缘白色。黑白色的三级飞羽长而下垂，呈镰刀状。胸以下白色，具黑色鳞纹。尾及尾下覆羽黑色，两侧具乳黄色三角形块斑。**雌鸟**：头、颈污灰色，杂有黑褐色斑纹。背部及体侧黑褐色，并杂有"V"字形棕色斑。

生态与分布

栖息于河流、湖泊、芦苇沼泽、水库、池塘、水稻田、盐田、河口等地带。主食水生植物的幼芽、嫩叶、种子和藻类、稻谷与秧苗，偶尔也吃水生昆虫、软体动物和甲壳类等小型无脊椎动物。分布于亚洲东部。在我国，除甘肃、新疆外，各地可见。河北多数湿地有分布，在北部为旅鸟，中南部为旅鸟或冬候鸟。

识别要点

嘴黑色；雄鸟头顶至后颈暗栗色，喉至前颈白色，具黑色颈环；雌鸟眼周深暗，两胁具暗色鳞纹及绿色翼镜。

相似种

1.绿头鸭（雌）：嘴橙黄色；翼镜紫蓝色，体侧斑纹较细。**2.赤膀鸭**（雌）：嘴橙黄色，嘴峰黑褐色；具黑褐色过眼纹。

雁形目
ANSERIFORMES

雄鸟 / 李新维 摄

雄鸟（左）雌鸟（右）/ 李新维 摄

赤膀鸭
Anas strepera

雄鸟 / 张明 摄

Gadwall
鸭科 Anatidae　河鸭属 *Anas*
冬候鸟 / 旅鸟　常见

形态特征

体长44~55cm。虹膜褐色。脚橙黄色。**雄鸟夏羽**：嘴黑色。头及上颈棕色，有黑色细斑及黑褐色细过眼纹。下颈、胸及体侧灰褐色，具白色新月形细波纹。背羽棕褐色，具淡色羽缘。腹白色。尾羽灰色，尾上、下覆羽黑色。飞行时黑白色翼镜和红褐色中覆羽明显。**雄鸟冬羽**：似雌鸟，但嘴黑色。上体灰色较浓。中覆羽红褐色。**雌鸟**：嘴橙黄色，嘴峰黑褐色。全身大致为黄褐色，羽毛具黑褐色轴斑及淡色羽缘。过眼纹黑褐色。翼镜白色或不明显。腹以下棕白色。尾下覆羽具黑褐色斑。**幼鸟**：似雌鸟，翼镜黑色部分为灰褐色，白色部分为灰棕色。腹部杂以褐色斑。

生态与分布

栖息于河流、湖泊、芦苇沼泽、水库、池塘、盐田等水域。主食水生植物，有时也到岸上觅食青草、草籽、谷粒等。分布于北半球温带、亚热带至热带水域。在我国，见于各地区。河北多数湿地有分布，在北部为旅鸟，中南部为旅鸟或冬候鸟。

识别要点

雄鸟嘴及尾下部黑色；雌鸟嘴橙黄色，嘴峰黑褐色。

相似种

1.罗纹鸭（雌）：嘴黑色；头及颈羽色偏灰色，无黑褐色过眼纹。**2.绿头鸭**（雌）：嘴橙黄色，上嘴杂黑斑；翼镜紫蓝色。**3.针尾鸭**（雌）：嘴黑色；过眼纹不明显，尾羽较尖。

雁形目
ANSERIFORMES

雄鸟 / 陈建中 摄

雄鸟（左）雌鸟（右）/ 陈建中 摄

雄鸟 / 郭玉民 摄

雄鸟 / 郭玉民 摄

花脸鸭
Anas formosa

Baikal Teal
鸭科 Anatidae　河鸭属 *Anas*
旅鸟　常见

形态特征

体长37～44cm。虹膜褐色。嘴、脚灰黑色。**雄鸟**：头至后颈黑褐色，两侧有白细线。脸部由黄、绿色的月牙形色块及黑、白色的细斑纹相间杂。眼周黑色，并有一黑纹自眼周向下至喉部。颏、喉和前颈上部黑褐色。上背和两胁蓝灰色，密布黑褐色波状细纹。背至尾羽灰褐色，肩羽甚长，呈橙、黑、白三色。前颈至胸黄棕色，胸部有暗褐色点状斑。腹白色。尾下覆羽黑褐色。胸侧及尾下覆羽基部两侧各有一白色横带。翼镜铜绿色，前缘棕色，后缘黑色和白色。**雌鸟**：过眼纹黑褐色。嘴基具白色圆斑。脸侧有淡色月牙形斑块。胸部棕黄色，有黑褐色斑点。白色的尾下覆羽具褐色羽干纹。

生态与分布

栖息于河流、湖泊、芦苇沼泽、水库、池塘、盐田等水域。主食水生植物、农田稻谷、草籽，偶尔也吃水生昆虫、软体动物等。繁殖于西伯利亚中东部，越冬于中国、朝鲜、日本，偶见于印度北部。在我国，除甘肃、新疆和西藏外，见于各地区。河北秦皇岛、唐山、沧州沿海地区及衡水湖、白洋淀、平山等地有分布。

识别要点

嘴灰黑色；雄鸟脸部有黄色和绿色构成的独特花斑；雌鸟嘴基内侧有白色圆斑，脸侧有淡色月牙形斑块。

相似种

1.绿翅鸭（雌）：嘴基内侧无白色圆斑；翼镜绿色，眉纹不明显。**2.白眉鸭**（雌）：嘴基虽有淡色斑点，但脸侧无淡色月牙形斑块；过眼纹上下各具一明显淡色纹，翼镜暗橄榄色。

保 护 级 别

河北省重点保护野生动物；《濒危野生动植物种国际贸易公约》附录Ⅱ物种。

雄鸟／郭玉民 摄

雄鸟 / 崔建军 摄

绿翅鸭
Anas crecca

Green-winged Teal
鸭科 Anatidae　河鸭属 *Anas*
夏候鸟 / 旅鸟 / 冬候鸟　常见

形态特征

体长30~38cm。虹膜褐色。嘴黑色。脚棕褐色。**雄鸟夏羽**：头、颈栗褐色。自眼周经耳区向下至颈侧有一暗绿色宽带，外缘具白色细纹。上嘴基白色细纹延伸至过眼带。背、两肋灰色，杂有黑色细波纹。下背、腰、尾上覆羽暗褐色，具淡色羽缘。上体侧有一明显的白色纵条斑。胸灰褐色，具暗色细斑。腹白色。尾下覆羽黑色。臀侧有黄色三角形斑块。翼镜翠绿色。**雄鸟冬羽**：似雌鸟，但嘴基两侧不沾黄色。翼镜上缘白色较雌鸟的宽。**雌鸟**：全身褐色斑驳。腹部色淡。背部"V"字形暗色斑纹明显，羽缘淡色。嘴基常带黄色，具黑褐色细过眼纹。尾侧具白斑。

生态与分布

栖息于河流、湖泊、芦苇沼泽、水库、池塘、盐田、海湾等水域。杂食性，以植物的幼芽、嫩叶、种子以及水生昆虫、甲壳类、软体动物等为食。广泛分布于欧亚大陆及非洲、美洲。遍及我国各地。河北各湿地均有分布，在北部为夏候鸟或旅鸟，中南部为旅鸟或冬候鸟。

识别要点

嘴黑色，翼镜翠绿色；雄鸟头、颈栗褐色，自眼周向后有一白色细纹环绕的暗绿色带斑，上体侧有一明显的白色纵条斑，臀侧具黄色三角形斑块；雌鸟嘴基淡黄褐色，具淡色眉纹和暗色细狭贯眼纹。

相　似　种

1.美洲绿翅鸭：雄鸟胸侧具白色或乳黄色纵纹，绿色眼带外缘黄色线纹细而不明显。**2.白眉鸭**（雌）：过眼线上、下各具明显的淡色纹，飞行时翼镜暗橄榄色。**3.花脸鸭**（雌）：嘴基内侧具明显白色圆斑；脸侧有淡色月牙形斑。

雁形目
ANSERIFORMES

雄鸟（左）雌鸟（中）/孟德荣 摄

雄鸟/崔建军 摄

雄鸟 / 李凤山 摄

美洲绿翅鸭
Anas carolinensis

Green-winged Teal
鸭科 Anatidae　河鸭属 *Anas*
迷鸟　罕见

形态特征

体长30～38cm。虹膜暗褐色。嘴黑褐色。脚肉色或深色。**雄鸟**：头、颈栗褐色。眼周至颈侧有一暗绿色宽带，外缘具不明显的黄色细线。上嘴基黄色细纹延伸至过眼带。背、两胁灰色，杂有黑色细波纹。下背、腰、尾上覆羽暗褐色，具淡色羽缘。胸红褐色，具暗色细斑；胸侧具白色或乳黄色纵纹。腹白色。尾下覆羽黑色。臀侧有黄色三角形斑块。翼镜翠绿色。**雌鸟**：全身灰褐色斑驳。头部和腹部色淡。背部"V"字形暗色斑纹明显，羽缘淡色。嘴基常带黄色，具黑褐色细过眼纹。尾侧具白斑。

生态与分布

栖息于河流、湖泊、芦苇沼泽、水塘等水域，喜与其他鸭类混群活动。以植物的幼芽、嫩叶、种子以及水生昆虫、甲壳类、软体动物等为食。广泛分布于洪都拉斯以北地区，偶尔出现于中国、日本、朝鲜、韩国、俄罗斯、英国。在我国，出现于河北、广东和香港。河北北戴河有记录（1989年4月1日）。

识别要点

雄鸟似绿翅鸭，但胸部两侧具白色或乳黄色纵纹。

相似种

绿翅鸭：雄鸟肩部两侧具长条形白色带纹，绿色眼带外缘和上嘴基延伸到绿色眼带的白色线纹明显。

雁形目
ANSERIFORMES

雄鸟 / 李风山 摄

绿头鸭
Anas platyrhynchos

雌鸟（上）雄鸟（下）/ 李新维 摄

Mallard

鸭科 Anatidae　河鸭属 *Anas*

夏候鸟 / 旅鸟 / 冬候鸟　常见

形态特征

体长47～62cm。家鸭的祖先之一。虹膜棕褐色。脚橙红色。**雄鸟**：嘴黄绿色，嘴甲黑色。头、颈深绿色且具金属光泽，颈基白色颈环与栗色的胸部隔开。上体黑褐色。腰、尾上覆羽黑色，中央两对尾羽黑色且末端上卷呈钩状，外侧尾羽白色。翼、胁、腹灰色，具波形细纹。翼镜紫蓝色，上、下缘镶以绒黑色窄纹和白色宽边。尾下覆羽黑色。**雌鸟**：嘴橙黄色，上嘴杂有黑斑。头顶黑色并杂有棕黄色斑纹。背部暗褐色，有棕白色羽缘。眉纹淡褐色，过眼纹黑褐色。翼镜紫蓝色。

生态与分布

栖息于河流、湖泊、芦苇沼泽、水库、池塘、盐田、海湾等水域。觅食多在清晨和黄昏，杂食性，以藻类，植物的幼芽、嫩叶、种子、果实以及水生昆虫、甲壳类、软体动物等为食。分布于欧亚大陆及非洲北部和北美洲。遍及我国各地。河北各湿地均有分布，在北部为夏候鸟或旅鸟，中南部为旅鸟或冬候鸟。

识别要点

雄鸟嘴黄绿色，头、颈深绿色，颈基具白色颈环；雌鸟嘴橙黄色，上嘴杂有黑斑。

相似种

1.罗纹鸭（雌）：嘴黑色，体侧、体背具明显"V"字形棕色斑。**2.赤膀鸭**（雌）：嘴峰黑褐色；翼镜白色或不明显；体侧具白斑。

雁形目
ANSERIFORMES

雄鸟／付建国 摄

雄鸟（左）雌鸟（右）／付建国 摄

雌鸟与雏鸟／崔建军 摄

崔建军 摄

斑嘴鸭
Anas poecilorhyncha

Spot-billed Duck
鸭科 Anatidae　河鸭属 *Anas*
旅鸟 / 留鸟 / 夏候鸟　常见

形态特征

体长50~64cm。雌雄相似。虹膜褐色。嘴黑色，先端橙黄色，嘴甲尖端微具黑色。脚橙红色。脸至上颈淡黄白色。眉纹白色，过眼纹细长且黑色，嘴基部有一黑线至眼下。头上、背部、下颈、胸以下暗褐色，羽缘淡色。三级飞羽外缘白色。翼镜蓝绿色，闪紫色光泽。尾下覆羽黑色。

生态与分布

栖息于河流、湖泊、芦苇沼泽、水库、池塘、稻田、盐田、海湾等多种环境。杂食性，以植物的幼芽、嫩叶、种子、果实和藻类及水生昆虫和软体动物等为食。分布于亚洲东部。遍及我国各地。河北各湿地均有分布，在北部为夏候鸟或旅鸟，中南部为留鸟。

识别要点

嘴黑色，嘴端有一醒目的橙黄色斑。

相似种

绿头鸭（雌）：嘴橙黄色，上嘴杂有黑斑；头色较深暗。

雁形目
ANSERIFORMES

李新维 摄

孟德荣 摄

雄鸟 / 李新维 摄

针尾鸭
Anas acuta

Northern Pintail
鸭科 Anatidae　河鸭属 *Anas*
旅鸟 / 冬候鸟　常见

形态特征

体长44～71cm。脚灰黑色。**雄鸟夏羽**：嘴灰蓝色，嘴峰黑色。头棕褐色。前颈至腹白色，颈侧白色向上延伸至后头。颈后、背部及胁灰色，具黑色细密波纹。肩羽黑色甚长，羽缘白色。尾羽黑色，中央尾羽特别延长，尖锐如针。尾下覆羽黑色。臀侧乳黄色。翼镜铜绿色。**雄鸟冬羽**：似雌鸟，但嘴峰周边灰蓝色。**雌鸟**：嘴黑色。头淡褐色。上体羽黑褐色，羽缘白色。下体污白色，具黑褐色细斑。尾形尖，尾较雄鸟短。无翼镜。

生态与分布

栖息于河流、湖泊、芦苇沼泽、水库、池塘、盐田、海湾等多种环境。杂食性，主食水生植物种子，也吃水生昆虫和软体动物。广泛分布于欧亚大陆及美洲、非洲。遍及我国各地区。河北秦皇岛、唐山、沧州沿海地区及衡水湖、白洋淀、平山等地有分布。

识别要点

雄鸟嘴灰蓝色，头棕褐色，颈侧白色带向上延伸至后头，中央尾羽特别延长，尖锐如针；雌鸟头淡褐色，尾形尖。

相似种

赤膀鸭（雌）：嘴橙黄色，嘴峰黑褐色；具黑褐色过眼纹。

保护级别

河北省重点保护野生动物；《濒危野生动植物种国际贸易公约》附录Ⅲ物种。

雁形目
ANSERIFORMES 133

雌鸟（左）雄鸟（右）/李新维 摄

雄鸟/李新维 摄

白眉鸭

Anas querquedula

雄鸟 / 陈建中 摄

Garganey
鸭科 Anatidae　河鸭属 *Anas*
旅鸟　常见

形态特征

体长34～41cm。嘴黑褐色，嘴甲黑色。脚灰黑色。**雄鸟夏羽**：头顶暗褐色。脸、颈淡栗色并杂有白色细纹。白色宽眉纹延伸至后颈侧。肩有黑、白、蓝灰色相间长羽。背至尾羽暗褐色，羽缘白色。翼镜绿色，后缘镶以白色。胸褐色，具暗色鳞纹。胁白色，具黑色细波纹。尾下覆羽淡灰褐色，具黑褐色细斑。**雄鸟冬羽**：似雌鸟。**雌鸟**：嘴基内侧有一淡色斑点。暗褐色的过眼纹上、下各有一淡色纹。上体暗褐色，具淡色羽缘。胸以下淡褐色，有暗色斑点。翼镜暗橄榄色。

生态与分布

常结群栖息于湖泊、江河、库塘、芦苇沼泽及滩涂等地。白天栖于水上，夜晚进食。杂食性，以植物茎、叶、种子以及水生昆虫、软体动物、甲壳类为食。分布于欧亚大陆及非洲、大洋洲。遍及我国各地区。河北主要湿地均有分布。

识别要点

雄鸟具明显的白色眉纹，肩部具柳叶状羽毛；雌鸟黑色过眼纹上方为较宽的淡色眉纹，下方有一条较窄的淡色纹。

相似种

1.绿翅鸭（雌）：翼镜绿色，眉纹不明显。2.花脸鸭（雌）：嘴基内侧白色圆斑较大而明显，脸侧有淡色月牙形斑。

保护级别

河北省重点保护野生动物；《濒危野生动植物种国际贸易公约》附录Ⅲ物种。

雁形目
ANSERIFORMES

雄鸟／陈建中 摄

雌鸟（左）雄鸟（右）／陈建中 摄

琵嘴鸭
Anas clypeata

雄鸟夏羽 / 张明 摄

Northern Shoveler
鸭科 Anatidae　河鸭属 *Anas*
旅鸟　常见

形态特征

体长43～51cm。嘴长而宽,先端呈匙状。脚橙红色。**雄鸟夏羽**:虹膜金黄色。嘴黑色。头至上颈暗绿色,并闪蓝绿色金属光泽。背羽黑色,羽缘淡色。胸至上背两侧及外侧肩羽白色,下胸至腹、两胁栗褐色。尾羽白色,尾的上、下覆羽黑绿色。飞行时,蓝灰色的翼上覆羽和闪金属绿色的翼镜对比明显。**雄鸟冬羽**:似雌鸟,但虹膜金黄色。**雌鸟**:虹膜淡褐色。嘴黄褐色,嘴周橙色。具细长的黑褐色过眼纹。体背暗褐色,羽缘较淡。翼上覆羽蓝灰色。翼镜较小。下体满布棕褐色羽斑。

生态与分布

常与其他鸭类混群栖息于开阔的湖泊、库塘、芦苇沼泽、盐田、海湾滩涂等地。主要以软体动物、甲壳类、水生昆虫、小鱼等为食,也吃植物种子和果实。广泛分布于北半球。遍及我国各地区。河北多数湿地有分布。

识别要点

嘴长而宽,先端扩大为匙状。

保护级别

河北省重点保护野生动物;《濒危野生动植物种国际贸易公约》附录Ⅲ物种。

雁形目
ANSERIFORMES

雄鸟夏羽 / 郭玉民 摄

雌鸟（左）雄鸟（右）夏羽 / 郭玉民 摄

雌鸟 / 李新维 摄

雄鸟 / 李新维 摄

赤嘴潜鸭
Netta rufina

Red-crested Pochard
鸭科 Anatidae　狭嘴潜鸭属 *Netta*
旅鸟　罕见

形态特征

体长45～55cm。**雄鸟夏羽**：虹膜及嘴红色。脚粉红色。头、上颈锈红色。上体褐红色，颈、胸以下黑色，两胁白色。尾灰色，尾上、下覆羽黑色。飞翔时翼具白色宽带。**雄鸟冬羽**：似雌鸟，但嘴红色。**雌鸟**：虹膜棕褐色。嘴黑色而先端黄色。脚灰色。头上至后颈深褐色。脸侧、喉及颈侧白色。上体褐色，下体大致灰褐色。

生态与分布

栖息于开阔的淡水湖泊、河流、水库、芦苇沼泽等地。以植物的根、茎、幼芽、嫩叶、种子为食。繁殖于东欧及西亚，越冬于地中海、中东及印度、缅甸。在我国，繁殖于西北地区，越冬于华中、东南、西南地区。河北沧州南大港水库和张家口康保县有记录。

识别要点

雄鸟嘴红色，锈红色的头与黑色的颈、胸部对比明显；雌鸟嘴黑色而先端黄色，脸、喉及颈侧白色。

相似种

红头潜鸭：嘴黑色，中段亮灰色。

雁形目
ANSERIFORMES

雌鸟 / 李新维 摄

雄鸟 / 李显达 摄

红头潜鸭
Aythya ferina

Common Pochard
鸭科 Anatidae　潜鸭属 *Aythya*
旅鸟　常见

形态特征

体长41～50cm。嘴黑色，中段亮灰色。脚灰黑色。**雄鸟夏羽**：虹膜红色。头、颈栗红色。胸黑色。背、腹、两胁灰白色，有暗色波状细纹。翼镜灰色。腰、尾及尾上、下覆羽黑色。**雄鸟冬羽**：似雌鸟，但虹膜红色。**雌鸟**：虹膜暗褐色。嘴基内侧有淡斑。眼后有淡色弧线。头、颈棕褐色。胸暗黄褐色。腹、两胁灰褐色，杂有暗褐色细纹。尾上、下覆羽暗褐色。

生态与分布

栖息于开阔的湖泊、库塘、芦苇沼泽、海湾等地。以水草、鱼虾、软体动物等为食。分布于欧亚大陆和非洲北部。在我国，除海南外，见于各地区。河北多数湿地有分布。

识别要点

嘴黑色，中段亮灰色；头、颈栗红色，胸黑色。

相似种

帆背潜鸭：嘴全黑色；雄鸟背部、体侧羽色较白。**赤嘴潜鸭**：嘴红色（雄）或黑色而先端黄色。

雁形目
ANSERIFORMES

雄鸟 / 李新维 摄

李新维 摄

雄鸟 / 赵俊清 摄

青头潜鸭
Aythya baeri

Baer's Pochard
鸭科 Anatidae　潜鸭属 *Aythya*
旅鸟 / 夏候鸟　偶见

形态特征

体长42～47cm。嘴蓝灰色，嘴甲黑色。脚灰色。**雄鸟**：虹膜白色。头、颈黑色且具绿色金属光泽。上体黑褐色。胸部暗栗色。两胁、腹部、尾下覆羽白色。**雌鸟**：似雄鸟，但虹膜褐色。嘴基内侧有一淡色圆斑。头、颈黑褐色。上体和胸淡棕褐色。翼镜和尾下覆羽白色。**幼鸟**：似雌鸟，但体色较暗。头、颈暗皮黄褐色。胸红褐色。腹白色缀以褐色。两胁前面白色。

生态与分布

栖息于江河、池塘、湖泊、芦苇沼泽及河口、海湾，常与其他鸭类混群。善潜水和游泳，胆小怕人。主要以各种水草的根、茎、叶、种子为食，也吃软体动物、水生昆虫等动物性食物。繁殖于西伯利亚及中国东北地区，越冬于日本和朝鲜半岛、中国华南地区及东南亚等地。曾广泛分布于河北各重要湿地，近年数量减少，主要分布于衡水湖、沧州南大港水库等湿地。

识别要点

嘴蓝灰色，嘴甲黑色；头、颈黑绿色，与暗栗色胸部色差明显。腹部白色延至胁侧；尾下覆羽白色。

相似种

1.白眼潜鸭：头、颈、胸均为暗栗色，无色块区分；两胁暗栗色；腹部白色不扩展到两胁前面。**2.凤头潜鸭**：虹膜金黄色；后头具冠羽。

雁形目
ANSERIFORMES

雄鸟（左）雌鸟（右）/赵俊清 摄

雌鸟（左）雄鸟（右）/赵俊清 摄

幼鸟 / 陈建中 摄

白眼潜鸭
Aythya nyroca

Ferruginous Duck
鸭科 Anatidae　潜鸭属 *Aythya*
旅鸟 / 夏候鸟　常见

形态特征

体长33～43cm。嘴蓝灰色，嘴甲黑色。脚灰黑色。**雄鸟**：虹膜白色，颏部有一三角形小白斑。头、颈、胸、两胁暗栗色。背、尾羽黑褐色。上腹部、翼镜和尾下覆羽白色。肛区两侧黑色。**雌鸟**：似雄鸟，但虹膜灰褐色。头、颈棕褐色。颏具三角形小白斑。喉部杂有白色。上体暗褐色。背、肩具棕褐色羽缘。上胸棕褐色，下胸灰白色而杂以不明显棕色斑。上腹灰白色，下腹褐色，羽缘白色。两胁褐色，具棕色端斑。**幼鸟**：似雌鸟，但头侧和前颈色较淡，较多皮黄色。两胁和上体具淡色羽缘。

生态与分布

常成对或结小群栖居于芦苇沼泽、淡水湖泊、池塘、河口地带。善潜水，但潜水时间不长。以水生植物叶、芽、种子为食，兼食软体动物、甲壳类、水生昆虫、小鱼等。繁殖于东欧至西伯利亚西南部、中国新疆及蒙古等地，越冬于地中海沿岸、中东、非洲及印度和东南亚等地，中国长江流域和云南。河北秦皇岛、唐山、沧州沿海地区及衡水湖、白洋淀、平山等地有分布。

识别要点

嘴蓝灰色，嘴甲黑色；雄鸟虹膜白色，头、颈、胸均为暗栗色，无色块区分，两胁暗栗色，腹部白色不扩展至胁侧，尾下覆羽白色；雌鸟虹膜灰褐色，体棕褐色。

相似种

1.青头潜鸭：头、颈部黑色且具绿色金属光泽，与胸部的暗栗色成两个明显色块；两胁杂以明显白斑。**2.凤头潜鸭**：虹膜金黄色；雌鸟尾下覆羽多黑褐色。

雁形目
ANSERIFORMES

保护级别

河北省重点保护野生动物；《濒危野生动植物种国际贸易公约》附录Ⅲ物种。

雄鸟 / 李新维 摄

幼鸟 / 陈建中 摄

凤头潜鸭

Aythya fuligula

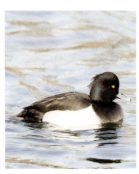

雄鸟 / 李新维 摄

Tufted Duck
鸭科 Anatidae　潜鸭属 *Aythya*
旅鸟　常见

形态特征

体长34～49cm。虹膜金黄色。嘴蓝灰色或铅灰色，嘴甲黑色。脚灰黑色。**雄鸟夏羽**：除下胸、腹、两肋和翼镜为白色外，其余均为黑色。头与颈黑色带有紫色金属光泽，头上具长形黑色冠羽。飞行时，白色的翼带非常明显。**雄鸟冬羽**：似雌鸟，但羽色较深。白色部分呈淡灰褐色。**雌鸟**：部分个体嘴基内侧具白斑。头、颈、上体、胸深褐色，后头冠羽短而不明显。腹、肋灰白色，并杂有棕褐色横斑。尾下覆羽黑褐色或白色。**幼鸟**：似雌鸟，但头顶较暗。头和上体淡褐色，具皮黄色羽缘。

生态与分布

常结群栖息于湖泊、芦苇沼泽、水库、河流、池塘、盐田等水域。善于潜水。以甲壳类、软体动物、水生昆虫、小鱼、蝌蚪等为食。分布于亚洲、欧洲、北非。遍及我国各地区。河北各主要湿地均有分布。

识别要点

嘴蓝灰色，嘴甲黑色，虹膜金黄色；雄鸟头具长冠羽，腹及体侧白色，余部黑色；雌鸟冠羽短，嘴基内侧或具白斑，尾下覆羽黑褐色或白色，体侧灰白色并杂棕褐色横斑。

相似种

1.青头潜鸭：虹膜白色或褐色；后头无冠羽；尾下覆羽白色。**2.斑背潜鸭**：后头无冠羽；雄鸟具绿色光泽，背部羽色较淡，且杂有黑褐色细纹；雌鸟羽色更淡，嘴基内侧白斑宽大。**3.白眼潜鸭**：虹膜白色或灰白色；后头无冠羽；尾下覆羽白色。

雁形目
ANSERIFORMES

李新维 摄

雌鸟（左）雄鸟（右）／李新维 摄

斑背潜鸭
Aythya marila

Greater Scaup
鸭科 Anatidae 潜鸭属 *Aythya*
旅鸟 偶见

雄鸟（左）雌鸟（右）/ 袁晓 摄

形态特征

体长42～49cm。虹膜亮黄色。嘴蓝灰色，先端黑色。脚黑色。**雄鸟夏羽**：头、颈黑色，且具绿色金属光泽。背灰白色，杂有黑褐色细波纹。胸、尾及尾上、下覆羽黑色。腹、胁、翼镜白色。**雄鸟冬羽**：嘴基内侧具不明显淡斑。头、颈、胸黑褐色。上体、胁淡褐色，具淡色斑。**雌鸟**：嘴基内侧具白色宽环斑。头、颈、胸深褐色。耳后具弯月形淡色斑。背羽黑褐色，羽缘淡色。胁羽淡褐色，羽端白色，在白色端斑上具黑褐色细波纹。腹部白色。尾上、下覆羽黑褐色。

生态与分布

多在沿海水域或河口活动，有时光顾淡水湖泊。喜结群活动，常与凤头潜鸭混群。主食甲壳类、软体动物、水生昆虫、小鱼等水生动物，兼食藻类等水生植物。繁殖于欧亚大陆北部、美洲西北部，东亚种群越冬于日本及朝鲜半岛、中国东南沿海地区和印度。河北秦皇岛、唐山和沧州沿海湿地可见。

识别要点

似凤头潜鸭，但无冠羽；雄鸟背灰白色且杂黑褐色细波状纹横；雌鸟嘴基具大块白斑。

相似种

凤头潜鸭：雄鸟头部具冠羽，头、颈、背黑色；雌鸟羽色较深，嘴基无白斑或仅具小白斑。

雁形目
ANSERIFORMES
149

袁晓 摄

雄鸟（左1、左3）雌鸟（左2、左4）冬羽 / 袁晓 摄

雄鸟 / 蒋忠祐 摄

小绒鸭
Polysticta stelleri

Steller's Eider
鸭科 Anatidae　小绒鸭属 *Polysticta*
冬候鸟　罕见

形态特征

体长43~47cm。虹膜红褐色。嘴、脚蓝灰色。**雄鸟**：头白色。眼周黑色。前额和枕部具一小簇淡橄榄绿色短羽。颏、喉黑色。颈部黑色领环向后延伸至白色的背部。背中部、腰、尾上覆羽黑色而带紫蓝色光泽。肩羽狭长弯曲，外翈黑色，内翈白色。翅覆羽白色，三级飞羽似肩羽但较宽。翼镜蓝黑色，前后缘白色。胸、上腹、两胁皮黄色，胸侧具黑色斑块。下腹以下黑褐色。**雌鸟**：通体暗褐色。眼周淡色。蓝色翼镜前、后缘具宽阔白边。

生态与分布

繁殖在苔原冻土带水塘和小湖，越冬迁徙时栖息于河口、海湾。主食甲壳类、软体动物、水生昆虫、小鱼等水生动物，兼食少量水生植物。繁殖于西伯利亚及阿拉斯加的极地，越冬于欧洲北部、北美洲西北部、堪察加半岛至日本北部。在我国乌苏里江和黑龙江口偶见。河北北戴河1985年有过记录。

识别要点

雄鸟头白色；眼圈、颊、枕斑、颈环黑色。

相似种

斑头秋沙鸭（雄）：颏喉白色；头具白色冠羽；枕部两侧黑色。

雁形目
ANSERIFORMES

雄鸟 / 蒋忠祐 摄

雄鸟 / 张明 摄

丑鸭
Histrionicus histrionicus

Harlequin Duck
鸭科 Anatidae　丑鸭属 *Histrionicus*
冬候鸟 / 旅鸟　偶见

形态特征

体长38~51cm。虹膜深褐色。嘴、脚灰色。**雄鸟夏羽**：头、颈蓝黑色。中央冠纹黑色，后部两侧具栗黄色纵纹。头侧眼先处一直到头顶具大白斑。耳部有一白色圆斑，其后有一白色条纹。颈部有一白领。两肩各有一长条白纹。胸、背灰黑色。胸侧横带白色而带黑边。两胁栗红色。翼镜暗蓝色。腹淡灰色。尾上、下覆羽黑色，尾下覆羽两侧各有一白色圆斑。**雄鸟冬羽**：体羽深褐色。肩部和胸侧具白色条纹。**雌鸟**：暗褐色。眼前上、下方各具一白斑。耳后方有一白色圆斑。下体污白色杂褐斑。腰、尾上覆羽黑色。

生态与分布

栖息于山区溪流、江河、河口及海湾。以甲壳类、软体动物、棘皮动物、水生昆虫等水生动物为食。分布于亚洲东部至北美洲及格陵兰、冰岛。仅在冬季和迁徙季节偶见于我国东北地区、秦皇岛北戴河、山东青岛。河北只在北戴河有记录。

识别要点

头蓝黑色；嘴灰色，嘴基具大块白斑；耳区具小圆形白斑；雄鸟白色耳斑后具一白色纵纹，颈环白色，胸侧具白色胸带。

相似种

斑脸海番鸭（雌）：头侧具两个白斑；翼镜白色。

雁形目
ANSERIFORMES

雄鸟/张明 摄

雌鸟/李新维 摄

幼鸟 / 崔建军 摄

长尾鸭
Clangula hyemalis

Long-tailed Duck
鸭科 Anatidae　长尾鸭属 *Clangula*
冬候鸟　罕见

形态特征

体长38～58cm。嘴和颈较短。尾尖。雄鸟大于雌鸟。**雄鸟冬羽**：虹膜红褐色。嘴基部黑色，端部粉红色，先端嘴甲黑色。脚橙褐色，蹼黑色。头、颈、上背前部白色。眼周白色，眼周外围头侧淡棕褐色。耳后颈侧具大型黑褐色斑块。下背、腰及尾上覆羽黑褐色。肩羽灰白色特别延长。两翅黑褐色。尾长而尖，中央一对尾羽黑褐色，特别延长，外侧尾羽白色。胸黑色。两胁、腹及尾下覆羽白色。**雄鸟夏羽**：虹膜红色。额、顶及头侧眼斑粉白色。腹、胁及尾下覆羽白色，其余体羽黑褐色。背、肩羽缘肉桂色。**雌鸟冬羽**：虹膜褐色。嘴黑色至铅色。脚灰色。头、颈白色。头顶黑色。两颊具黑色斑块。上体和胸黑褐色，胸以下白色。**雌鸟夏羽**：似雌鸟冬羽，但头色较灰，前颈较暗。**幼鸟**：似雌鸟夏羽，但头、颈淡褐灰色。肩羽无赤褐色羽缘。

生态与分布

栖息于河流、水塘、湖泊、河口及海湾。以甲壳类、软体动物、水生昆虫和小鱼为食，偶尔吃少量的植物性食物。分布于全北界。在我国，越冬于辽宁大连、河北秦皇岛、天津塘沽、长江中游及福建，是我国罕见的冬候鸟。在河北记录于秦皇岛。

识别要点

雄鸟嘴黑色，具粉红色亚端斑，中央尾羽特别延长；雌鸟嘴铅黑色；雌、雄冬羽耳后颈侧具大型黑褐色斑块。

相似种

1.针尾鸭（雄）：体型较大；嘴、颈均较长；头和上体非白色。**2.斑头秋沙鸭**：嘴灰黑色，眼斑黑色，雄鸟具白色冠羽。

雌鸟（左）雄鸟（右）冬羽／张明 摄

雄鸟冬羽／张明 摄

斑脸海番鸭
Melanitta fusca

Velvet Scoter
鸭科 Anatidae　海番鸭属 *Melanitta*
冬候鸟　罕见

雄鸟 / 张明 摄

形态特征

体长48~61cm。脚粉红色,蹼黑色。翼镜白色。额与嘴成一条直线。**雄鸟**:虹膜白色。嘴橙红色,嘴甲橙黄色,嘴基上部有一黑色肉瘤。通体黑色而具紫色光泽。眼后下方有一半月形白斑。次级飞羽白色,形成显著的白色翼镜。**雌鸟**:虹膜褐色。嘴灰黑色。全身黑褐色。眼与嘴中间及耳羽上各有一圆形白斑。翼镜白色。**幼鸟**:似雌鸟,但上嘴基部隆起不明显。体色较灰淡。上嘴基部两侧和耳部白斑不明显。

生态与分布

栖息于水库、湖泊、海湾滩涂。常成对活动,喜游泳和潜水。以鱼类、水生昆虫、甲壳类和软体动物为食,也吃眼子菜等水生植物。分布于北半球,亚洲种群越冬于朝鲜、日本和中国东部及四川南充地区。迁徙期在河北主要见于北戴河,衡水湖和白洋淀也曾有记录。

识别要点

雄鸟嘴橙红色,基部具黑色瘤突,先端橙黄色,体黑色,眼后下方有一半月形白斑,翼镜白色;雌鸟嘴灰黑色,体黑褐色,翼镜白色。

雁形目
ANSERIFORMES 157

雄鸟 / 张明 摄

雌鸟 / 陈建中 摄

鹊鸭
Bucephala clangula

Common Goldeneye
鸭科 Anatidae　鹊鸭属 *Bucephala*
旅鸟　常见

形态特征

体长32~68cm。头大而高耸。虹膜金黄色。**雄鸟夏羽**：嘴粗短，黑色，嘴基具白色大圆斑。脚橙黄色。头和上颈黑色，闪紫蓝色金属光泽。背、肩羽、腰、尾上覆羽及尾羽黑色，外侧肩羽白色，外翈羽缘黑色，在背的两侧形成黑纹。下颈、胸、腹及两胁白色。**雄鸟冬羽**：似雌鸟，但近嘴基具浅色圆斑。**雌鸟**：略小。嘴黑色，先端具黄斑。头和上颈褐色，颈基具污白色颈环。上体淡黑褐色，羽端灰白色。白色次级飞羽具2条黑带。

生态与分布

栖息于湖泊、河流、水库、池塘、芦苇沼泽、河口、盐田、海湾等湿地。性机警而胆怯，善潜水觅食。以甲壳类、软体动物、小鱼、蝌蚪及水生昆虫为食。全球性分布。在我国，除海南外，见于各地。河北多数湿地有分布。

识别要点

虹膜金黄色；雄鸟嘴和头黑色，脸具白色斑块，下颈白色；雌鸟嘴黑色而先端黄色，头褐色，颈环污白色。

保护级别

河北省重点保护野生动物。

雁形目
ANSERIFORMES

雄鸟 / 李新维 摄

雄鸟 / 崔建军 摄

斑头秋沙鸭
Mergellus albellus

Smew

鸭科 Anatidae　白秋沙鸭属 *Mergellus*
冬候鸟 / 旅鸟　常见

雄鸟（左）雌鸟（右）/ 李新维 摄

形态特征

体长34~46cm。虹膜暗褐色。嘴粗短，灰黑色。脚灰色。**雄鸟夏羽**：头、颈白色。眼周及眼先黑色。后头具白色冠羽。枕部两侧具黑纹，在冠羽下方左右汇合。背中央黑色，两侧白色。体侧有1条黑色纵线。胸侧有2条黑色斜线。胁具灰色细波纹。腰和尾上覆羽灰褐色。尾羽银灰色。身体其余部分白色。**雄鸟冬羽**：似雌鸟，但眼先黑色部分较窄，不甚明显。**雌鸟**：从额至后颈栗褐色。颊、颔、喉、前颈白色。眼下至嘴基黑褐色。背部暗褐色，具白色翼斑。下颈至胸和两胁灰褐色。腹部灰白色。

生态与分布

栖息于开阔的湖泊、河流、水库、池塘、芦苇沼泽、河口、海湾等湿地。性机警活泼，稍有干扰立即起飞，善游泳和潜水。主食小鱼，兼食甲壳类、软体动物、水生昆虫及水草。繁殖于欧亚大陆北部，越冬于日本及朝鲜半岛和中国、印度（北部）。河北秦皇岛、唐山、沧州沿海地区及衡水湖、白洋淀、平山、邢台、平泉等地有分布。

识别要点

雄鸟头、颈、体侧白色，眼斑、枕黑色；雌鸟额至后颈栗褐色，颔、喉白色。

相似种

1.长尾鸭：雌鸟较为相似，但头顶黑色，头、颈白色，耳部具黑斑，翅无白斑。
2.小绒鸭：雄鸟颔、喉、颈环黑色。

保护级别

河北省重点保护野生动物。

雁形目
ANSERIFORMES

雄鸟 / 李新维 摄

雌鸟 / 陈建中 摄

雄鸟 / 陈建中 摄

雌鸟 / 陈建中 摄

红胸秋沙鸭
Mergus serrator

Red-breasted Merganser
鸭科 Anatidae　秋沙鸭属 *Mergus*
旅鸟　较常见

形态特征

体长52~60cm。虹膜红色。嘴红色细长，微上翘，先端钩状，暗红色。脚橙红色。**雄鸟夏羽**：头和上颈部黑褐色，具暗绿色金属光泽，头后冠羽长而明显。颈白色，颈下部至胸部锈红色，具黑色纵纹。胸侧黑色有白斑，下胸以下白色。上体黑色，两侧白色。肋具灰黑色与白色相杂的细波纹。**雄鸟冬羽**：似雌鸟，头部至上颈暗栗色。背部灰褐色。**雌鸟**：眼先白色。头至上颈棕褐色，具短冠羽。颈白色。喉和前颈淡棕白色。下颈至胸灰褐色。背部和两肋暗灰褐色。

生态与分布

栖息于湖泊、河流、水库、池塘、芦苇沼泽、河口、海湾等湿地。性机警。主食小鱼，兼食甲壳类、软体动物和水生昆虫，偶尔也吃少量的水生植物。广泛分布于北半球。在我国，繁殖于东北地区北部，越冬于东部沿海地区。河北秦皇岛、唐山、沧州沿海地区及衡水湖、白洋淀、平山等地有分布。

识别要点

雄鸟具长冠羽，胸锈红色，颈环白色，肋具灰黑色细波状纹；雌鸟嘴微微上翘，颈与胸羽色分际不明显。

相似种

1. **普通秋沙鸭**：嘴基明显粗厚；雄鸟头部冠羽不明显，胸部白色；雌鸟头部棕褐色与颈部白色分际明显。2. **中华秋沙鸭**：冠羽较长；胸无棕红色；体侧具明显的黑色鱼鳞状斑纹。

保护级别

河北省重点保护野生动物。

雁形目
ANSERIFORMES 163

雌鸟（左）雄鸟（右）/ 张明 摄

雌鸟 / 陈建中 摄

雌鸟 / 赵俊清 摄

普通秋沙鸭
Mergus merganser

Common Merganser
鸭科 Anatidae　秋沙鸭属 *Mergus*
旅鸟 / 冬候鸟　常见

形态特征

体长54~68cm。虹膜暗褐色。嘴暗红色,细长,先端钩状,暗红色。脚红色。**雄鸟**:头至上颈黑褐色而具绿色金属光泽。枕部具短冠羽。背黑色。腰和尾灰色。翅上具大型白斑。下颈、胸及下体和体侧白色。**雌鸟**:颏白色。头和上颈棕褐色并与白色颈有明显界限。上体深灰色。翼镜白色。胸以下白色。胸侧及肋浅灰色。**幼鸟**:似雌鸟,喉白色一直延伸至胸部。

生态与分布

栖息于湖泊、河流、水库、池塘、芦苇沼泽、河口、海湾等湿地。主食小鱼、甲壳类、软体动物和水生昆虫,偶尔也吃少量的水生植物。广泛分布于北半球温带和亚热带地区。在我国,除香港和海南外,见于各地。河北秦皇岛、唐山、沧州沿海地区及衡水湖、白洋淀、平山、平泉等地有分布。

识别要点

雄鸟冠羽短而不明显,下颈、胸白色;雌鸟头、上颈棕褐色,与白色颈有明显界限。

相似种

1.红胸秋沙鸭:冠羽较长;雄鸟下颈至上胸锈红色,白色颈环显著;雌鸟颈与胸羽色分际不明显。**2.中华秋沙鸭**:冠羽较长,两肋具大型黑色鳞状斑。

保护级别

河北省重点保护野生动物。

雁形目
ANSERIFORMES

雄鸟（左）雌鸟（右）/ 李新维 摄

雄鸟 / 李新维 摄

雌鸟 / 李新维 摄

雌鸟 / 李新维 摄

雄鸟（左）雌鸟（右）/ 李新维 摄

雌鸟 / 姚文志 摄

中华秋沙鸭
Mergus squamatus

Scaly-sided Merganser
鸭科 Anatidae 秋沙鸭属 *Mergus*
旅鸟 罕见

形态特征

体长49~64cm。虹膜褐色。嘴红色且细长，先端钩状，明黄色。鼻孔位于嘴峰中部。脚橙红色。**雄鸟**：头、颈、上背和肩黑色，闪绿色光泽。枕部具长冠羽。下背和腰白色，羽端具2个同心黑色斑纹。尾羽灰色。下体白色。两胁羽片白色而羽端的两个黑色同心斑纹形成特征性鳞状纹。**雌鸟**：头至颈棕褐色。枕部具深棕色冠羽。后颈下部和上体蓝灰色。胸以下乳白色。胸侧和两胁具黑色鳞状斑。**幼鸟**：似雌鸟，但额、头顶较暗。枕部无羽冠。两胁和后背无鳞状斑或有但不明显。

生态与分布

栖息于湖泊、河流、芦苇沼泽、水库及海岸附近水域，营巢于天然树洞。主食鱼类，兼食水生昆虫等。繁殖于西伯利亚、朝鲜北部及我国东北地区，越冬于日本、朝鲜及中国华中与华南地区。河北秦皇岛、唐山、沧州沿海地区有分布。

识别要点

冠羽长；两胁和胸侧具显著的黑色鳞状斑纹。

相似种

1.普通秋沙鸭：嘴基较厚，鼻孔位于近嘴基1/3处；冠羽不明显；体侧无鳞状斑。**2.红胸秋沙鸭**：嘴微上翘，鼻孔靠近嘴基1/3处；雄鸟胸部锈红色；雌鸟体侧无鳞状斑。

保护级别

国家Ⅰ级重点保护野生动物。

雁形目
ANSERIFORMES

雌鸟（左）雄鸟（右）／姚文志 摄

雌鸟／姚文志 摄

雄鸟／姚文志 摄

鹤形目
GRUIFORMES

多数为涉禽。多栖息于开阔的沼泽、河漫滩、湖泊、农田及草原地带。除繁殖期外,常群居。多在芦苇丛中营巢。体型大小悬殊。通常嘴、颈和脚均长,嘴形直。胫下部裸露,具4趾或3趾,不具蹼或仅具微蹼,后趾退化或缺失,存在时位置较高,与前三趾不在同一平面上。翅短圆,尾较短。飞翔时头颈向前伸直,两脚向后伸直。雏鸟早成性。

全世界共有12科58属191种,中国有4科17属34种,河北省有4科11属18种,其中,水鸟2科9属16种。

成鸟 / 刘松涛 摄

蓑羽鹤
Anthropoides virgo

Demoiselle Crane

鹤科 Gruidae 蓑羽鹤属 *Anthropoides*

旅鸟 较常见

形态特征

体长68~92cm,体型最小的鹤。虹膜红色。嘴橄榄灰色,先端淡黄色略沾红色。脚黑色。**成鸟**:额灰黑色,头顶灰色。眼先、头侧、颏、喉和前颈黑色,前颈的黑色蓑羽悬垂于前胸。眼后和耳羽白色,羽毛延长呈披发状垂于头侧。其余头、颈和体羽蓝灰色。飞翔时翅尖黑色。**幼鸟**:似成鸟,但虹膜褐色,嘴基淡黄色,先端肉褐色,脚灰黑色。眼后和耳羽灰白色。头侧、喉及前颈部黑色羽毛端缘白色。体羽灰白色。

生态与分布

栖息于草原、农田、河流、湖泊、芦苇沼泽及苇塘。杂食性,主要以小鱼、甲壳类、水生昆虫、蛙、植物嫩芽、草籽以及玉米、小麦等农作物种子为食。繁殖于欧洲东部、黑海、亚洲中部至蒙古及中国东北地区,越冬于非洲、印度和中国西藏(南部)、四川、云南(东北部地区)。在我国,繁殖于新疆、宁夏、内蒙古及东北地区,迁徙期间经辽宁、河北、山东、北京、天津、陕西、河南、甘肃等地。河北秦皇岛、唐山、沧州、衡水湖、围场、沽源等地有分布。

识别要点

前颈黑色而具蓑羽,眼后和耳羽白色长丝状。

相似种

灰鹤:体型较大;头顶有红色皮肤;前胸无悬垂蓑羽。

保护级别

国家Ⅱ级重点保护野生动物;《濒危野生动植物种国际贸易公约》附录Ⅱ物种。

| 鹤形目 GRUIFORMES | 171 |

成鸟 / 崔建军 摄

成鸟 / 李新维 摄

成鸟 / 刘松涛 摄

白鹤
Grus leucogeranus

Siberian Crane
鹤科 Gruidae　鹤属 *Grus*
旅鸟　较常见

形态特征

体长130~140cm。**成鸟**：虹膜黄白色。嘴和脚肉红色。自嘴基、额至头顶及两颊皮肤裸露，呈砖红色，并生有稀疏的短毛。除初级飞羽黑色外，体羽白色。站立时其黑色初级飞羽不易看到，飞行时明显。**幼鸟**：虹膜土黄色。嘴和脚暗灰色。额和面部无裸露部分，被稠密的锈黄色羽毛。头、颈及上体棕黄色。从秋天到第二年春天，头、颈、体和尾覆羽白色羽毛逐渐增多，越冬后的亚成体脚变红色。除颈、肩尚留有黄色羽毛之外，其余部分的羽毛换成白色。3龄嘴变为红色。

生态与分布

栖息于开阔沼泽草地、苔原沼泽和大的湖泊、盐田及芦苇沼泽。杂食性，主要以苦草、眼子菜、苔草、荸荠等植物的茎、叶和块根为食，兼食软体动物、昆虫、甲壳动物等。繁殖于西伯利亚，越冬于中国江西鄱阳湖、湖南洞庭湖、安徽升金湖等长江中下游地区及山东黄河三角洲，迁徙期间经过内蒙古、新疆、黑龙江、吉林、辽宁、河北、天津、河南、山东、湖北、江苏等地区。河北秦皇岛、唐山、沧州沿海地区及衡水湖、白洋淀、文安、平山等地有分布。

识别要点

嘴、脸上裸皮及脚肉红色；除初级飞羽黑色外，体羽白色；站立时其黑色初级飞羽不易看到，飞行时明显。

保护级别

国家Ⅰ级重点保护野生动物；《濒危野生动植物种国际贸易公约》附录Ⅰ物种。

鹤形目
GRUIFORMES

成鸟 / 刘松涛 摄

成鸟和幼鸟 / 付建国 摄

沙丘鹤
Grus canadensis

邹宏波 摄

Sandhill Crane
鹤科 Gruidae　鹤属 *Grus*
迷鸟　罕见

形态特征

体长100～110cm。雌雄同色。**成鸟**：虹膜深红色。嘴角褐色。脚灰黑色。前额和头顶裸露呈红色。喉白色。全身灰色，覆羽有淡褐色斑块，是鹤属中仅有的头、颈部完全长有灰色羽毛的种类。**亚成鸟**：虹膜灰褐色至红褐色。嘴和脚皮黄色。全体褐灰色。前额至头顶的红色不明显。三级飞羽短于成鸟的。

生态与分布

栖居于开阔的浅水沼泽、湿草甸、芦苇沼泽、湖泊等湿地。杂食性，主要以植物的茎、叶、芽、种子为食，兼食昆虫、蚯蚓、螺等。繁殖于北美洲及西伯利亚东北部，越冬于美国南部和墨西哥北部。在我国，黑龙江、河北、山东、江西、江苏、上海有记录。在河北记录于秦皇岛。

识别要点

前额及头顶红色，头、颈灰色。

相似种

1. 灰鹤：体型较大；前额无朱红色，成鸟前颈为黑色，亚成鸟前颈呈黄棕色。**2. 白头鹤**：虹膜棕褐色；头、颈白色，其余体色灰黑色。

保护级别

国家Ⅱ级重点保护野生动物。

鹤形目
GRUIFORMES

邹宏波 摄

成鸟 / 李新维 摄

白枕鹤
Grus vipio

White-naped Crane
鹤科 Gruidae　鹤属 *Grus*
旅鸟　常见

形态特征

大型涉禽，体长120～150cm。雌雄同色。**成鸟**：虹膜橘红色。嘴灰绿色，端部沾黄色。脚暗红色。额、眼周裸皮红色，裸皮外缘及嘴基有黑色簇毛。耳羽烟灰色。颏、喉、头、后颈至上背白色。颈侧、前颈下部至腹部灰黑色。背面深灰色。翼上覆羽灰白色，甚长，停憩时覆盖尾羽。飞羽黑色。**亚成鸟**：虹膜橘黄色。嘴基肉灰色，先端灰色。脚铁黑色。颈部染黄棕色。

生态与分布

栖息于沼泽化草甸、芦苇沼泽、湖泊等湿地。杂食性，以植物的种子、根、块茎、嫩叶、嫩芽以及鱼、虾、昆虫、软体动物等为食。分布于亚洲东部。在我国，繁殖于东北和西北地区，越冬于长江下游地区。河北秦皇岛、唐山、沧州沿海地区及衡水湖、白洋淀、平山、沽源、平泉、围场等地有分布。

识别要点

眼周裸皮红色，头、后颈白色，胸、前颈灰黑色延至颈侧呈狭窄尖条状。

相似种

白头鹤：眼周无红色裸皮。

保护级别

国家Ⅱ级重点保护野生动物；《濒危野生动植物种国际贸易公约》附录Ⅰ物种。

鹤形目
GRUIFORMES

成鸟 / 刘松涛 摄

成鸟 / 李显达 摄

灰鹤
Grus grus

Common Crane
鹤科 Guidae　鹤属 *Grus*
旅鸟／冬候鸟　常见

亚成鸟／刘松涛 摄

形态特征

体长100～120cm。雌雄同色。脚灰黑色。**成鸟**：虹膜红褐色。嘴黑绿色，端部沾黄色。头顶裸露部分红色，有稀疏的黑色短羽。额、眼先、喉及前颈黑色。后头灰黑色。眼后有宽的白色条斑延伸至后颈。背、胸、腹均灰褐色。初级飞羽黑色，次级和三级飞羽端部黑色。**亚成鸟**：虹膜浅灰色。嘴基肉色，尖端灰肉色。体色较淡。嘴周及喉黑色。眼后的白色条斑不明显。头颈部及覆羽沾黄棕色。

生态与分布

栖息于农田、草甸、芦苇沼泽、湖泊、河流、库塘、盐田等地。杂食性，以植物的种子、根、茎、叶以及鱼、昆虫、软体动物等为食。分布于欧洲、亚洲及非洲。在我国，除西藏外，各地可见。河北各地均有分布。

识别要点

头顶红色，杂有稀疏的黑色短羽；额、眼先、喉及前颈黑色，眼后有宽的白色条斑延伸至后颈。

相似种

1.白头鹤：体型较小；头、颈白色，其余体色明显较深，呈灰黑色。**2.丹顶鹤**：体羽白色；颈侧无白色纵带。**3.白枕鹤**：眼周红色；脚暗红色。**4.蓑羽鹤**：体较小；前颈的黑色蓑羽垂于前胸；眼具披发状白色长羽垂于头侧。**5.沙丘鹤**：体小，头、颈部灰色。

保护级别

国家Ⅱ级重点保护野生动物；《濒危野生动植物种国际贸易公约》附录Ⅱ物种。

鹤形目
GRUIFORMES

亚成鸟 / 刘松涛 摄

成鸟和幼鸟 / 李新维 摄

成鸟 / 付建国 摄

白头鹤
Grus monacha

Hooded Crane
鹤科 Gruidae　鹤属 *Grus*
旅鸟　常见

形态特征

体长92～97cm。雌雄同色。**成鸟**：虹膜棕褐色。嘴角黄色，端部暗灰绿色。脚灰黑色。额、眼先黑色。头顶裸露部分呈红色。头、颈部白色。飞羽黑色。身体其余部位灰黑色。**亚成鸟**：虹膜淡褐色。嘴基肉色，端部灰青色。脚铁黑色。头、颈沾有黄棕色。

生态与分布

栖息于农田、草甸、芦苇沼泽、湖泊、河流、库塘、盐田等地。杂食性，以植物的种子、根、茎、叶以及鱼、昆虫、软体动物等为食。繁殖于西伯利亚东南部、中国东北地区及蒙古，越冬于日本南部及中国东部。河北秦皇岛、唐山、沧州沿海地区及沽源、围场等地有分布。

识别要点

额黑色；头顶红色，头和颈白色；身体余部灰黑色。

相似种

1.白枕鹤：眼周红色；脚暗红色。**2.沙丘鹤**：体型较小；头、颈部全灰色。

保护级别

国家Ⅰ级重点保护野生动物；《濒危野生动植物种国际贸易公约》附录Ⅰ物种。

鹤形目
GRUIFORMES

成鸟 / 付建国 摄

成鸟 / 李显达 摄

亚成鸟/李新维 摄

丹顶鹤
Grus japonensis

Red-crowned Crane
鹤科 Gruidae　鹤属 *Grus*
旅鸟　常见

形态特征

体长120～160cm。雌雄同色。虹膜褐色。嘴灰绿色，端部黄色。脚灰黑色。**成鸟**：头顶裸皮红色。额、眼先、颏、喉、颈侧黑色，眼后至后颈白色。次级和三级飞羽黑色。身体其余部位白色。收翅时，长而弯曲的三级飞羽覆盖尾羽，状似黑色尾羽。**幼鸟**：头、颈黄褐色，头上被羽。体羽沾黄褐色。**亚成鸟**：似成鸟，但初级飞羽末端黑色。

生态与分布

栖息于农田、草甸、芦苇沼泽、湖泊、库塘、盐田、滩涂等地。杂食性，主要以鱼、软体动物、水生昆虫、甲壳类等为食，也吃水生植物及农作物种子。繁殖于西伯利亚东南部、中国东北地区及日本，越冬于我国华北地区、长江中下游及朝鲜半岛和日本。河北北戴河、滦河口、南大港、海兴、河间等地有分布。

识别要点

头顶红色；额、眼先、颏、喉、颈侧黑色，眼后至后颈白色；次级和三级飞羽黑色；身体余部白色。

相似种

灰鹤：体羽灰色。

保护级别

国家Ⅰ级重点保护野生动物；《濒危野生动植物种国际贸易公约》附录Ⅰ物种。

鹤形目
GRUIFORMES

亚成鸟（左）成鸟（右）/ 李新维 摄　　　　　　　　　　成鸟 / 李新维 摄

成鸟 / 李新维 摄

鹤群 / 李新维 摄

花田鸡
Coturnicops exquisitus

Swinhoe's Rail
秧鸡科 Rallidae　花田鸡属 *Coturnicops*
旅鸟　偶见

成鸟 / 范怀良 摄

形态特征
体长12～14cm。我国体型最小的田鸡。雌、雄相似。虹膜褐色。嘴暗褐色，下嘴基部黄绿色。脚淡肉褐色或黄褐色。上体自额、头顶、后颈、背、肩、腰至尾上覆羽橄榄褐色，具黑色条纹和白色细横斑。前额、眉区、头侧和后颈上部淡橄榄褐色，具细小白色斑点。颏、喉白色。胸淡褐色，具褐色斑纹。腹白色，两胁和尾下覆羽黑褐色，具白色横斑。飞行时，白色次级飞羽与黑色初级飞羽明显。

生态与分布
常单独活动于湿草地、水稻田、河边或湖岸草丛。性羞怯，喜隐蔽，不易被发现。繁殖于亚洲东北部，迁徙期间经过中国吉林、辽宁、河北、山东及长江流域，越冬于朝鲜、日本、中国（南部）。河北北戴河可见。

识别要点
体小，嘴暗褐色而下嘴基黄绿色；上体杂有白色细横斑；次级飞羽白色。

相似种
小田鸡：下体灰色；翅上无白色细横斑；次级飞羽非白色。

保护级别
国家Ⅱ级重点保护野生动物。

 鹤形目 GRUIFORMES

成鸟 / 范怀良 摄

普通秧鸡

Rallus aquaticus

成鸟 / 张明 摄

Water Rail
秧鸡科 Rallidae　秧鸡属 *Rallus*
旅鸟 / 夏候鸟　较常见

形态特征

体长24～30cm。虹膜红褐色。嘴长而微下弯，上嘴暗褐色而下嘴红色。脚肉褐色。**雄鸟**：额、头顶和后颈黑褐色，羽缘橄榄褐色。背、肩、腰和尾上覆羽橄榄褐色，具黑色轴斑。外侧翅覆羽橄榄褐色，羽端微具白色斑纹或端斑。眉纹灰白色，过眼纹黑褐色。颊灰色。颔、喉灰白色，下喉、前颈和胸石板灰色。两胁和尾下覆羽黑褐色，具白色横斑。**雌鸟**：体色较暗。颔、喉白色。头颈侧的灰色面积较小。**幼鸟**：上体较暗。颈、胸及两胁皮黄色，具黑褐色条纹。尾下覆羽皮黄色。

生态与分布

常栖息于芦苇沼泽、湿草地、水稻田、池塘等处。常单独活动，多数白天隐藏于草丛，夜间和晨、昏觅食。主食水生昆虫、蠕虫、软体动物、甲壳类和小鱼，兼食部分植物的果实和种子。广布于欧亚大陆及非洲和大洋洲。在我国，除新疆、西藏和海南外，见于各地。河北秦皇岛、唐山、沧州沿海地区及衡水湖、白洋淀、围场等地有分布。

识别要点

嘴长而微下弯，上嘴暗褐色，下嘴红色；眉纹灰白色，上体橄榄褐色而具黑色轴斑；外侧翅覆羽、两胁和尾下覆羽具白色横斑。

相似种

1.灰胸秧鸡：头至后颈红褐色；背部具白色细横斑。**2.小田鸡**：嘴黄绿色且较短；背部具黑色和白色纵纹；过眼纹棕褐色。

鹤形目
GRUIFORMES

成鸟 / 田穗兴 摄

幼鸟 / 孟德荣 摄

幼鸟翅及背部 / 孟德荣 摄

成鸟 / 李新维 摄

白胸苦恶鸟
Amaurornis phoenicurus

White-breasted Waterhen
秧鸡科 Rallidae   苦恶鸟属 *Amaurornis*
夏候鸟   较常见

形态特征

体长27～34cm。虹膜红色。嘴黄绿色，上嘴基红色，繁殖期雄鸟上嘴基的红色部分较雌鸟的明显膨大。脚橘黄色。**成鸟**：额、眼先、两颊、颏、喉、前颈、胸及上腹部白色。下腹部及尾下覆羽红棕色。头顶及背部为深青灰色。两翅和尾羽橄榄褐色。**雏鸟**：黑色，后逐渐转为黄褐色。**幼鸟**：嘴、脚褐色。上体黑褐色。腹面污白色。

生态与分布

常栖息于河沟、水塘、灌渠、芦苇沼泽、湿草地、水稻田及近水的灌丛、草地和农田。常单独活动，夜晚常持续发出单调的"苦恶、苦恶"叫声。以水生昆虫、软体动物、蜘蛛、小鱼及植物嫩芽、种子为食。分布于亚洲南部、东南部和中国南部。在我国，可见于吉林、北京、天津。河北沧州、衡水湖、平山等地有分布。

识别要点

嘴黄绿色而上嘴基红色；头顶及上体深青灰色；额、脸、胸至上腹白色；下腹及尾下覆羽红棕色。

鹤形目
GRUIFORMES

成鸟 / 李新维 摄

雌鸟 / 张波 摄

小田鸡
Porzana pusilla

Baillon's Crake
秧鸡科 Rallidae　田鸡属 *Porzana*
夏候鸟　较常见

形态特征

体长15～19cm。虹膜红色。嘴短，黄绿色，嘴峰和先端灰黑色。脚黄绿色。**雄鸟**：头顶、枕、后颈橄榄褐色，具黑色中央纵纹。其余上体橄榄褐色或棕褐色，并杂有黑色、白色的纵纹。尾羽黑褐色，中央一对尾羽具棕褐色羽缘。眉纹蓝灰色，过眼纹棕褐色。颊、喉棕灰色。颊、颈侧和胸蓝灰色。腹、两胁和尾下覆羽黑褐色，具白色横斑纹。**雌鸟**：似雄鸟，但喉白色，下体灰色偏白。**幼鸟**：虹膜红褐色。颈侧、胸和两胁淡红褐色。从颊至胸常有斑点。

生态与分布

喜单独活动于芦苇丛、鱼蟹塘等水草茂密处，能快速而轻巧地穿行于芦苇中，极少飞行。以水生昆虫、软体动物、甲壳类及植物嫩芽、种子为食。分布于亚洲、欧洲、非洲的热带及亚热带地区。在我国，除西藏、海南外，见于各地。河北秦皇岛、唐山、沧州、衡水湖、白洋淀、平山、邢台等地有分布。

识别要点

上体杂有白色纵纹，下体灰色较重；具褐色耳羽。

相似种

1.普通秧鸡：上嘴暗褐色，下嘴红色，长而且下弯；背部无白色纵纹。**2.花田鸡**：背部具白色细横斑。

鹤形目
GRUIFORMES

幼鸟／李新维 摄

雄鸟／孟德荣 摄

红胸田鸡
Porzana fusca

成鸟 / 李新维 摄

Ruddy-breasted Crake
秧鸡科 Rallidae　田鸡属 *Porzana*
夏候鸟　偶见

形态特征
体长18～23cm。虹膜红色。嘴灰黑色。脚红色。**成鸟**：枕、后颈、背至尾上覆羽暗橄榄褐色。颏、喉白色。额、头顶、颈侧、前颈至上腹栗红色。下腹至尾下覆羽黑色，并杂有白色细横斑。**幼鸟**：似成鸟，但虹膜褐色。上体深褐色，头侧、胸和上腹栗红色但间有灰白色羽。下腹和两肋淡灰褐色，微具稀疏的白色点斑。

生态与分布
常单独活动于芦苇地、稻田、池塘、河边草丛及海岸滩涂地带。性羞怯，晨、昏活动频繁。以昆虫、蜘蛛、软体动物及水生植物嫩芽、叶、种子为食。分布于东亚及东南亚地区。在我国，除西藏、海南外，见于各地。河北秦皇岛、唐山、沧州、衡水湖等地有分布。

识别要点
上体暗橄榄褐色而无斑纹，下体白色细横纹始于下腹部。

相似种
斑胁田鸡：初级覆羽具不明显白色细斑；胁有黑白相间横斑纹。

鹤形目
GRUIFORMES

成鸟 / 李新维 摄

成鸟 / 宋亦希 摄

斑胁田鸡
Porzana paykullii

Band-bellied Crake
秧鸡科 Rallidae　田鸡属 *Porzana*
夏候鸟 / 旅鸟　偶见

形态特征

体长22～27cm。虹膜和眼睑红色。嘴蓝灰色，基部黄绿色，嘴峰和端部黑色。脚橙红色。**成鸟**：头顶及上体橄榄褐色。翅覆羽具白色横斑纹。颏、喉乳白色。额、头侧、颈侧及胸棕红色。腹、两胁及尾下覆羽黑褐色，具显著的白色横斑。**幼鸟**：上体较成鸟色暗。翅覆羽白斑较多。颊、颈和胸皮黄色。胸部具不明显的条纹。

生态与分布

栖于湿草地、稻田、湖泊、溪流、池塘岸边，有时也见于近水的草地和灌丛。白天隐于草丛和灌丛，晨、昏和夜间活动，不易见到。以昆虫、软体动物及植物的果实、种子为食。繁殖于亚洲东北部，越冬于马来半岛、苏门答腊岛、爪哇岛和加里曼丹岛，至亚洲东南部地区越冬。在我国，繁殖于东北及华北地区，迁徙时经中东部及东南部地区。河北秦皇岛、衡水湖等地有分布。

识别要点

上体橄榄褐色且具不明显细斑，下体白色细横斑纹始于腹部。

相似种

红胸田鸡：额至前头栗红色；初级覆羽无白斑；胁无黑白相间横纹。

鹤形目
GRUIFORMES

幼鸟 / 张波 摄

成鸟 / 宋亦希 摄

雄鸟/张明 摄

董鸡
Gallicrex cinerea

Watercock
秧鸡科 Rallidae 董鸡属 *Gallicrex*
夏候鸟 偶见

形态特征

体长31～53cm。**雄鸟夏羽**：虹膜红色。嘴黄色。上嘴基及额甲红色，额甲向后上方凸起呈鸡冠状。脚黄绿色。头、颈、上背灰黑色。下背、肩、翅覆羽及三级飞羽黑褐色，各羽具宽阔的灰色至棕黄色羽缘。胸及腹部灰黑色，腹部羽缘苍白色。尾下覆羽棕黄色，具黑褐色横斑。**雄鸟冬羽**：似雌鸟，羽色与雌鸟相同。**雌鸟**：虹膜淡黄褐色。嘴淡黄褐色。额甲不显著。全身淡黄褐色。背部羽轴斑黑褐色，羽缘淡褐色。腹部密布黑褐色细横纹。**幼鸟**：似成鸟，头侧淡棕色，杂以黑羽。颏、喉白色，杂以灰黑色羽。

生态与分布

栖息于水草茂密的湖泊、池塘、芦苇沼泽、水稻田等浅水地带，多藏身于芦苇沼泽地。性羞怯机警，晨、昏活跃，白天隐伏于草丛。叫声低沉单调，似"董、董、董"声，因而得名。杂食性，以植物的幼芽、嫩叶、种子及昆虫、蠕虫、软体动物为食。分布于朝鲜半岛、亚洲南部、中南半岛、印度尼西亚群岛及菲律宾、日本、中国（东部）。在我国，除黑龙江、宁夏、新疆、西藏、青海外，见于各地。河北秦皇岛、衡水湖、平山、平泉等地有分布。

识别要点

雄鸟嘴黄色，额甲红色而向后上方凸起呈鸡冠状；雌鸟嘴淡黄褐色，上体黑褐色且具淡褐色羽缘。

相似种

黑水鸡：红色额甲不向上凸起；背部和翼覆羽无淡色羽缘；胁和尾下覆羽两侧具白斑。

鹤形目
GRUIFORMES

雄鸟 / 张明 摄

雌鸟 / 田穗兴 摄

幼鸟 / 李新维 摄

黑水鸡
Gallinula chloropus

Common Moorhen

秧鸡科 Rallidae　黑水鸡 *Gallinula*

夏候鸟　常见

形态特征

体长28~35cm。虹膜红色。嘴黄色。嘴基及额甲亮红色。脚黄绿色，胫跗关节上方具红色环带。**成鸟**：头、颈、胸、腹灰黑色。背、翼及尾羽黑褐色。两胁有白色条斑。尾下覆羽两侧白色，中央灰黑色。尾上翘时会露出尾下两块鲜艳的白色。**幼鸟**：嘴、额甲黄褐色。上体棕褐色。头颈侧棕黄色。颏、喉灰白色。前胸棕褐色。后胸及腹部灰白色。

生态与分布

栖息于芦苇等水草丰富的湖泊、沼泽、水库、池塘、水稻田等地。常穿梭于草丛或在水面浮游植物间翻找食物。不善飞，起飞前先在水上助跑一段距离。杂食性，以水生植物的幼芽、嫩叶、根、茎、种子及昆虫、蠕虫、软体动物为食。分布遍及大洋洲外的全球温带至热带地区。在我国，除西北干旱地区外，几乎遍布全国。河北各湿地均有分布。

识别要点

嘴红色而先端黄色，额甲亮红色；两胁具白色条斑。

相似种

1.董鸡：雄鸟额甲向上延伸并形成鸡冠状，全身黑色无白斑；雌鸟全身淡黄褐色，有黑褐色的细斑，无额甲。**2.白骨顶**：嘴至额甲白色；全身黑色，仅次级飞羽末端有少许白色。

鹤形目
GRUIFORMES

成鸟 / 李新维 摄

成鸟 / 孟德荣 摄

成鸟 / 李新维 摄

白骨顶
Fulica atra

Common Coot
秧鸡科 Rallidae　骨顶属 *Fulica*
夏候鸟　常见

形态特征

体长35～43cm。虹膜红色。嘴白色。额甲白色。脚暗绿色，脚趾间具瓣蹼。
成鸟：全身黑色，仅次级飞羽的末端有少许白色。**幼鸟**：头顶黑褐色，具白色细纹。上体余部黑色略沾棕褐色。头侧、颊、喉及前颈灰白色，具黑色斑点。

生态与分布

常结群活动于湖泊、水库、鱼塘、河流、芦苇沼泽、盐田等水域。喜潜于水中找食水草。起飞前在水面上长距离助跑。杂食性，主要以水生植物的嫩芽、叶、根、茎、种子为食，也吃小鱼、虾、水生昆虫等动物性食物。广布于欧亚大陆、非洲北部及印度、新几内亚、澳大利亚、新西兰。在我国，各地区均有分布。河北各湿地有分布，在沧州海兴、黄骅湿地和衡水湖有小群越冬。

识别要点

嘴、额甲白色；全身黑色。

相似种

黑水鸡：额甲和嘴基红色，嘴端黄色；胁和尾下覆羽两侧具白色条斑。

鹤形目
GRUIFORMES

成鸟和雏鸟 / 李显达 摄

成鸟 / 李新维 摄

鸻形目
CHARADRIIFORMES

由鸻鹬类和鸥类组成。栖息于海滨、湖畔、河漫滩等水域沼泽地带。营巢于地上。善飞行。除繁殖季节外，高度集群。主要以甲壳类、软体动物、昆虫和小鱼等动物性食物为食。鸻鹬类多为中小型涉禽，羽色多灰色或褐色，并随季节与年龄而变化。跗蹠修长，胫下部裸露，中趾最长，趾间具蹼或不具蹼，后趾形小或退化。翅形尖长。嘴形差异较大，是野外鉴别的重要依据。鸥类体色多灰、白、黑或褐色，雌雄羽色相同，但存在冬夏、成幼的区别；嘴强健，形直或先端略弯曲，翅形尖长或稍短。脚短，前趾间具蹼，后趾小而位高。雏鸟早成性。

全世界共有18科90属350种，中国有14科49属129种，河北省有10科32属89种。

夏羽 / 李新维 摄

水雉
Hydrophasianus chirurgus

Pheasant-tailed Jacana
水雉科 Jacanidae　水雉属 *Hydrophasianus*
迷鸟　偶见

形态特征

体长25～58cm。虹膜暗褐色。嘴铅灰色。脚灰绿色，趾爪甚长。**夏羽**：头、颏、喉至上胸白色。枕部黑色。后颈金黄色，边缘镶黑色细线。翅白色，仅初级飞羽末端黑色，翅角有一弯曲的距。黑色的中央尾羽特别延长。背和胸以下黑褐色。**冬羽**：背部绿褐色至灰褐色。下体白色，胸部具黑褐色宽阔横带。尾羽较短。**幼鸟**：似成鸟冬羽，但虹膜黄色。头上红褐色，后颈非黄色。

生态与分布

栖息于富有挺水植物和浮叶植物的淡水湖泊、池塘和沼泽水域。常在浮叶植物如莲、芡实、菱的叶片上行走和取食，也善于游泳和潜水。以多种昆虫、软体动物和植物的种子、嫩叶为食。一雌多雄制。分布于亚洲南部、东南部和东部。在中国，主要分布于长江流域及东南沿海。河北衡水湖和白洋淀偶见。

识别要点

趾爪特长；后颈金黄色；翅大部分白色；黑色的中央尾羽特别延长。

保护级别

河北省重点保护野生动物。

鸻形目
CHARADRIIFORMES

夏羽 / 李新维 摄

雌鸟 / 李新维 摄

彩鹬
Rostratula benghalensis

Greater Painted Snipe
彩鹬科 Rostratulidae　彩鹬属 *Rostratula*
夏候鸟　偶见

识别要点

体长22～28cm。嘴长而直，尖端略微膨大而稍下弯，粉橙色，基部绿褐色。脚灰绿色。**雄鸟**：头上、背绿褐色。眼周及眼后线黄白色。中央冠纹黄色。背具黑白横斑，中央两侧具黄色纵带。翼和尾羽具黄褐色粗横斑。颊、颈和胸灰褐色。下胸黑褐色，胸侧有白色宽带延伸至背与黄色纵带连接。腹以下白色。**雌鸟**：似雄鸟，但略大。头上、背部暗橄榄绿色。眼周及眼后线白色。背具暗色细横纹。颊、喉至上胸棕红色，在胸前过渡为黑褐色。**幼鸟**：嘴铅灰色。脚色较暗。羽色似雄鸟，但淡色眼周不明显。

生态与分布

栖于沼泽型草地及稻田。白天隐于草丛中，喜于晨、昏活动，行走时尾上下摇动，飞行时双腿下悬如秧鸡。以昆虫、软体动物、甲壳类和植物种子为食。一雌多雄制。分布于非洲及亚洲南部、东南部至澳大利亚。在我国辽宁及华北东部、长江流域及东南沿海有分布。河北邢台七里河、衡水湖、白洋淀和北戴河偶见。

识别要点

雌鸟色彩鲜艳，白色或黄白色眼圈向后延伸呈柄状，胸侧白色宽带延伸至背呈黄色纵带。

鸻形目
CHARADRIIFORMES

雌鸟 / 李新维 摄

雄鸟（左）雌鸟（右）/ 李新维 摄

成鸟 / 李新维 摄

蛎鹬
Haematopus ostralegus

Eurasian Oystercatcher
蛎鹬科 Haematopodidae　蛎鹬属 *Haematopus*
夏候鸟　常见

形态特征

体长44~50cm。雌雄同色。**成鸟**：嘴橙红色，长而直。脚粉红色。虹膜红色。头、颈、上胸、上背及肩黑色。腰、尾上覆羽白色，尾端黑色。翼黑色，具白色大斑。翼角上方及下胸以下白色。雌鸟较雄鸟上体偏褐色。**幼鸟**：似成鸟，但虹膜棕红色。嘴橙黄色，先端黑褐色。脚粉灰色。体羽黑色部分偏褐色。

生态与分布

常成对或小群活动于海岸、沙洲、河口地带，也出现于湖泊、水库和农田。以软体动物、甲壳类、蠕虫及昆虫为食。分布于欧洲、亚洲、非洲。我国东部有分布。河北沿海各地都有分布，在唐海溯河口附近滩涂有越冬种群。

识别要点

嘴、眼、脚红色；红、黑、白三色分明，头至上胸及上体黑色，下胸以下白色。

保护级别

河北省重点保护野生动物。

鸻形目
CHARADRIIFORMES 209

李新维 摄

成鸟 / 李新维 摄

鹮嘴鹬
Ibidorhyncha struthersii

Ibisbill
鹮嘴鹬科 Ibidorhynchidae　鹮嘴鹬属 *Ibidorhyncha*
夏候鸟　偶见

冬羽 / 陈建中 摄

形态特征

体长35～42cm。**夏羽**：雌雄同色。虹膜红色。嘴橙红色，长而向下弯曲呈弧形。腿红色，足仅3趾，外趾与中趾间具半蹼。头顶至眼先、颊及上喉黑色，边缘围以白色。胸部有1条宽阔的黑色胸带，与上胸的灰色之间嵌有1条较窄的白色带斑。颈部和前胸灰色。肩至尾部由灰色逐渐变为灰褐色。尾上覆羽黑色，尾羽灰褐色，外侧具黑白色斑点。胸以下白色。**冬羽**：似夏羽，但嘴为暗红色，嘴基周围和前头杂白纹。**幼鸟**：似成鸟，但腿灰绿褐色。嘴呈暗褐色。脸白色或黑褐色而具白色羽端。胸带黑褐色，白色胸带缺失。上体偏褐色，具橙皮黄色羽缘。

生态与分布

常成对或小群活动于海岸、沙洲、河口地带，也出现于湖泊、水库和农田。以软体动物、甲壳类、蠕虫、昆虫为食。分布于欧洲、亚洲、非洲。我国东部地区有分布。河北山海关、燕山、东陵、雾灵山、涞源、易县、平山、滹沱河流域及邢台秦王湖有分布。

识别要点

橙红色的长嘴向下呈弧形弯曲；额部黑色，具黑色胸带。

保护级别

河北省重点保护野生动物。

鸻形目
CHARADRIIFORMES

冬羽 / 李新维 摄

冬羽 / 陈建中 摄

黑翅长脚鹬
Himantopus himantopus

赵俊清 摄

Black-winged Stilt
反嘴鹬科 Recurvirostridae　长脚鹬属 *Himantopus*
夏候鸟　常见

形态特征

体长34~40cm。**雄鸟**：虹膜红色。嘴黑色，细长而直。脚红色，甚长。全身黑白相间。有头、颈全白者，也有额白色，头顶、枕至后颈黑色，后颈与背之间白色个体，有些个体眼上方黑色。背、肩及翼黑色且具墨绿色光泽。下体白色。飞行时，下背、腰至尾上覆羽白色，尾灰白色。**雌鸟**：似雄鸟，但背部暗褐色。**幼鸟**：嘴黑色，基部橘色。脚橘红色。上体褐色较浓，具淡色羽缘。

生态与分布

栖息于平原地区的湖泊、河流浅滩、水稻田及滨海盐田。以软体动物、环节动物、甲壳类、昆虫为食。分布于非洲和欧亚大陆、中南半岛、亚洲东南部及印度、澳大利亚等地。在我国，见于各地。河北多数湿地有分布。

识别要点

腿、脚红色，甚细长；嘴黑色，细长而直；翅黑色。

保护级别

河北省重点保护野生动物。

鸻形目
CHARADRIIFORMES

雄鸟（左）和雌鸟（右）／李新维　摄

雄（上）雌（下）崔建军　摄

幼鸟 / 李新维 摄

反嘴鹬
Recurvirostra avosetta

Pied Avocet
反嘴鹬科 Recurvirostridae　反嘴鹬属 *Recurvirostra*
夏候鸟　常见

形态特征

体长40~45cm。嘴黑色，扁而细长且上翘。腿、脚蓝灰色，趾间具蹼。**成鸟**：全身黑白相间，自额、头顶、枕至后颈上部、外侧初级飞羽、肩羽、翼上中覆羽和外侧小覆羽黑色，其余均白色。飞行时从下面看体羽全白色，仅翼尖黑色。**幼鸟**：似成鸟，但黑色部分偏褐色。

生态与分布

栖息于湖泊浅滩、沼泽草地、鱼塘、水田、盐田、海滩及河口地带。善游泳。以软体动物、甲壳类、昆虫为食，进食时嘴往两边扫动。分布于欧亚大陆、非洲及印度。在我国，除海南外，见于各地。河北多数湿地有分布，在唐山沿海地区有少量越冬个体。

识别要点

嘴黑色，扁而细长且明显上翘；腿、脚蓝灰色，细长；体羽黑白两色。

保护级别

河北省重点保护野生动物。

鸻形目
CHARADRIIFORMES

215

幼鸟 / 李新维 摄

成鸟 / 崔建军 摄

雏鸟 / 赵俊清 摄

普通燕鸻
Glareola maldivarum

Oriental Pratincole
燕鸻科 Glareolidae　燕鸻属 *Glareola*
夏候鸟　常见

形态特征

体长20～28cm。嘴黑色，短且平扁宽阔。脚黑灰色。**夏羽**：嘴基红色。颏、喉乳黄色，外缘自眼向下至喉部有一细黑环。颊、颈和胸黄褐色。上体橄榄褐色。初级飞羽黑色。腹以下白色。飞行时，可见腰白色，尾黑色叉状，翼下覆羽及腋下棕栗色。**冬羽**：嘴基无红色。体色较淡。前颈黑色环不明显。**幼鸟**：喉部无黑色环。上体灰褐色，具明显淡色羽缘，并杂有暗褐色斑。

生态与分布

栖息于开阔平原地区的湖泊、河流、沼泽、稻田及盐碱荒地。秋冬季节常集群活动。以昆虫和甲壳动物为食。分布于亚洲东部及澳大利亚。在我国，除新疆、西藏、贵州外，见于各地。河北邢台大沙河、衡水湖、白洋淀、平山、沧州、唐山和秦皇岛等地有分布。

识别要点

嘴短而扁阔；喉部乳黄色且具黑色边缘线；翅长，叉尾。

鸻形目
CHARADRIIFORMES

冬羽 / 李新维 摄

幼鸟 / 李新维 摄

夏羽 / 李新维 摄

夏羽 / 赵俊清 摄

夏羽 / 陈建中 摄

夏羽 / 孟德荣 摄

灰头麦鸡
Vanellus cinereus

Grey-headed Lapwing
鸻科 Charadriidae　麦鸡属 *Vanellus*
旅鸟／夏候鸟　常见

形态特征

体长约32～38cm。虹膜红色。嘴黄色，端部黑色。脚黄色。**夏羽**：头、颈及胸灰色，胸下有黑色半圆形黑斑。下体余部白色。上体赭褐色。初级飞羽黑色，次级飞羽白色。尾上覆羽及尾羽白色，尾羽具宽阔黑色次端斑。飞行时脚伸出尾端。**冬羽**：头、胸由灰色变为褐色。颏、喉淡白色，具模糊的褐色纵纹。**幼鸟**：似成鸟，但褐色较浓而无黑色胸带。

生态与分布

栖息于近水的开阔地带、河滩、海滩、稻田、草地及芦苇沼泽。繁殖结束后常结成小群活动。以昆虫、水蛭、螺类及水草、草籽为食。分布于印度和亚洲东部。在我国，除新疆、西藏外，见于各地。河北各重要湿地均有分布，在北部承德、张家口地区为夏候鸟，中南部地区为旅鸟。

识别要点

嘴鲜黄色而端部黑色；脚黄色；头颈灰色，具黑色胸带；尾具宽阔黑色次端斑。

鸻形目
CHARADRIIFORMES

夏羽 / 崔建军 摄

夏羽 / 李新维 摄

黄颊麦鸡
Vanellus gregarius

Sociable Plover

鸻科 Charadriidae　麦鸡属 *Vanellus*

迷鸟　罕见

来源：https://commons.wikimedia.org

形态特征

体长27～30cm。嘴、脚黑色。**雄鸟**：头顶黑色。额和眉纹白色，一直延伸至枕后汇合。贯眼纹黑色，于眼后变细。耳羽、面颊和上颈土黄色。上体橄榄灰褐色。初级飞羽黑色，次级飞羽白色。腰、尾上覆羽及尾羽白色，中间的4对尾羽具宽阔的黑色次端斑。颏、喉灰褐色或土黄色。胸灰色或沾褐色。腹部具宽的黑色或暗栗色横带。尾下覆羽白色。**雌鸟**：似雄鸟，但头顶和腹部颜色稍淡。

生态与分布

栖于近水的河滩、盐湖、农田、草地、碱滩、湖泊、沼泽等地。以昆虫为食。主要分布于亚洲中部地区。我国新疆西北部有分布。河北唐山石臼坨和北戴河有记录。

识别要点

额和眉纹白色，一直延伸至枕后汇合；贯眼纹、头顶和上腹黑色。

鸻形目
CHARADRIIFORMES 221

来源：https://commons.wikimedia.org

Sanjeev Kumar Goyal 摄
来源：https://commons.wikimedia.org

雏鸟 / 崔建军 摄

凤头麦鸡
Vanellus vanellus

Northern Lapwing
鸻科 Charadriidae　麦鸡属 *Vanellus*
旅鸟 / 夏候鸟　常见

形态特征

体长28～34cm。嘴黑色，短而尖。脚暗红色。**雄鸟夏羽**：额、头顶黑色。枕部冠羽黑色，后延并向上翘曲。后颈褐色。脸污白色。眼下具黑斑。背部铜绿色，略带红褐色。肩羽先端紫色。飞羽蓝黑色，均具金属光泽。第一至第三枚初级飞羽末端白色。颏、喉、前颈至上胸黑色。腹部白色。尾上及尾下覆羽红棕色，尾羽白色而具宽的黑色次端带。**雄鸟冬羽**：脸部略带橙褐色。喉、前颈白色。有的个体翼上覆羽具淡褐色羽缘。**雌鸟**：喉、前颈具白斑。冠羽较短。**幼鸟**：似成鸟冬羽，但羽冠较短，上体遍布淡色羽缘。

生态与分布

常结群活动于沼泽、河滩、水塘、农田及荒草地。以昆虫、软体动物、草籽等为食。分布于欧亚大陆和非洲北部。在我国，各地可见。河北各重要湿地均有分布，在北部张家口、承德为夏候鸟，中南部为旅鸟。

识别要点

具黑色冠羽和宽阔的黑色胸带。

鸻形目
CHARADRIIFORMES

223

幼鸟 / 李新维 摄

雄鸟夏羽 / 李新维 摄

冬羽 / 谢伟鳞 摄

欧金鸻
Pluvialis apricaria

Eurasian Golden Plover
鸻科 Charadriidae　斑鸻属 *Pluvialis*
迷鸟　罕见

形态特征

体长约27cm。嘴黑色，较短。脚灰色。**夏羽**：上体黑色，杂金黄色及白色斑点。初级飞羽基部和翼下覆羽白色。颊、颔、喉至胸黑褐色。腹黑色。尾下覆羽白色。自额至眉线、颈侧、胸侧、胁至尾下腹羽有白色纵带。**冬羽**：眉线白色。颊、颔、喉黄白色。胸黄褐色，杂黑褐色斑纹。腹污白色。**幼鸟**：似成鸟冬羽，但全身黄褐色浓，颈、胸、胁有暗色纵纹。

生态与分布

栖息于农田、草地、沼泽、河口。以昆虫、软体动物及植物种子、嫩芽为食。分布于欧洲和西伯利亚的叶尼塞河流域及贝加尔湖地区，向南越冬至印度。河北昌黎大蒲河2006年9月28日有记录。

识别要点

初级飞羽基部白色；两胁、翼下及尾下覆羽无黑色斑。

相似种

1.金鸻：嘴较长；初级飞羽基部无明显白斑，翼下覆羽淡褐色；夏羽棕白色的两胁及尾下覆羽杂黑色斑；冬羽胸、腹杂淡灰褐色斑纹。**2.灰鸻**：体型稍大；全身为灰、白、黑三色，无任何金黄色斑点；飞行时，可见具明显的黑色腋羽。

冬羽 / 谢伟鳞 摄

夏羽 / 孟德荣 摄

金鸻
Pluvialis fulva

Pacific Golden Plover
鸻科 Charadriidae　斑鸻属 *Pluvialis*
旅鸟　较常见

形态特征

体长21~26cm。嘴黑色。脚灰色或黄褐色,无后趾。**雄鸟夏羽**:上体黑色,夹杂金黄色及白色斑点。颊、颔、喉至腹黑色。自额至眉线、颈侧、胸侧、胁至尾下腹羽有白色纵带。两胁和尾下覆羽杂黑斑。翼下覆羽淡褐色。**雌鸟夏羽**:似雄鸟,但脸颊褐色较浓,胸、腹有较淡的条纹或斑块。**冬羽**:眉线白色。颊、喉至胸淡黄褐色。腹污白色,胸、腹杂有浅灰褐色斑纹。**幼鸟**:似成鸟冬羽,但全身黄褐色浓,颈、胸、胁有暗色斑纹。

生态与分布

单独或成群活动于沼泽、农田及草地,也见于河口海滩。以软体动物、昆虫及植物种子、嫩芽为食。分布于非洲(东部)、亚洲及澳大利亚。在我国,见于各地。河北多数湿地有分布。

识别要点

上体杂金黄色或黄褐色斑;飞行时腰黄褐色,翼下无黑斑。

相似种

1.欧金鸻:嘴较短;夏羽初级飞羽基部、两胁和尾下覆羽白色;冬羽杂有黑斑的黄褐色胸带明显。**2.灰鸻**:体型较大;全身灰、白、黑三色,无金黄色斑点;飞行时,可见具明显的黑色腋羽。

鸻形目
CHARADRIIFORMES

夏羽 / 陈建中 摄

夏羽 / 孟德荣 摄

换羽中 / 李新维 摄

灰鸻
Pluvialis squatarola

Grey Plover
鸻科 Charadriidae 斑鸻属 *Pluvialis*
旅鸟 常见

形态特征

体长26～32cm。雌雄同色。嘴黑色,直而端部呈矛状膨大。脚暗灰色,具后趾。**夏羽**:上体灰黑色,杂黑色及白色斑点。颊、颈、喉至上腹黑色。下腹以下白色。自额至眉线、颈侧、胸侧有白色纵带。两胁黑色。飞行时翼带白色,腋下有黑色块斑。尾羽白色且具淡黑褐色横斑。**冬羽**:上体灰褐色,有黑褐色斑点及白色羽缘。眉线白色不明显。下体白色。颈、胸有褐色纵纹。**幼鸟**:似成鸟冬羽,但上体黑褐色斑点及白色羽缘较多而明显,腹面纵纹较多。

生态与分布

春、秋迁徙期成群活动于河口、泥质海滩、盐田及沼泽、湖岸、草地。以蠕虫、软体动物、甲壳动物、昆虫为食。分布于亚洲、欧洲、非洲、南美洲(西部)及澳大利亚。在我国,见于各地。河北秦皇岛、唐山和沧州沿海湿地有分布。

识别要点

上体杂灰褐色或黑褐色斑;飞行时腰白色,具白色翼带和黑色腋羽。

相似种

金鸻:体型稍小;常年全身均有金黄色斑点;飞行时无腋下黑斑。

鸻形目
CHARADRIIFORMES   229

换羽中 / 陈建中 摄

夏羽 / 孟德荣 摄

剑鸻
Charadrius hiaticula

Common Ringed Plover
鸻科 Charadriidae 鸻属 *Charadrius*
旅鸟 偶见

夏羽 / 范怀良 摄

形态特征

体长18～20cm。嘴粗短,黑色,夏羽基部2/3橙黄色,冬羽基部少许橙黄色。脚橙黄色。**夏羽**：额基黑色,额白色。额上黑带与黑色贯眼线相连,眉纹白色。颏、喉及颈环白色。白色颈环下有黑色胸带,环绕至上背。上体灰褐色,下体白色。飞行时翼上具明显白色翼带。**冬羽**：似夏羽,但黑色部分变为暗褐色,额及眉纹黄白色。**幼鸟**：似成鸟冬羽,但上体羽缘多黄色,形成鳞状斑纹。

生态与分布

单独或成小群活动于海岸滩涂、河口、内陆河流、湖泊、沼泽草甸及水田区域。以昆虫、蠕虫、甲壳类、软体动物为食。繁殖于欧亚大陆北部及加拿大和格陵兰群岛,越冬于欧洲(南部)、非洲和中东,偶见于亚洲南部、东部及大洋洲。我国东北地区及北京、山东、西藏、青海、广东、广西、香港和台湾有分布。河北秦皇岛、唐山和沧州沿海滩涂及内陆衡水湖、平山、围场、平泉等地偶见。

识别要点

嘴型粗短,黑色而基部黄色；脚橙黄色；贯眼纹黑色；飞行时可见白色翼带。

相似种

1.长嘴剑鸻：体型较大；黑色的嘴明显较长；脚土黄色或肉黄色；黑色领环较窄。**2.环颈鸻**：嘴黑色；脚灰褐色或淡褐色；黑色领环在胸前断开；**3.金眶鸻**：黑色的嘴短小；具金黄色眼圈。

鸻形目
CHARADRIIFORMES

夏羽 / 张明 摄

夏羽 / 范怀良 摄

冬羽 / 李新维 摄

长嘴剑鸻
Charadrius placidus

Long-billed Ringed Plover
鸻科 Charadriidae　鸻属 *Charadrius*
旅鸟 / 夏候鸟　较常见

形态特征

体长19～23cm。嘴较细长，黑色。脚土黄色或肉黄色。**夏羽**：额白色，额顶黑色而贯眼纹暗褐色。眉纹白色。颏、喉及颈环白色，下方有黑色胸带，环绕至上背。上体灰褐色，下体白色。**冬羽**：似夏羽，但黑色胸带和额顶黑色带斑变为褐色。**幼鸟**：极似成年冬羽，上体羽毛密布棕黄色羽缘。眉纹黄褐色。

生态与分布

单独或成小群活动于沿海滩涂及内陆的河滩、湖滨、沼泽草甸及水田。以昆虫、蠕虫、甲壳类、软体动物为食。亚洲东部和南部有分布。我国大部分地区有分布。河北秦皇岛、唐山、沧州沿海滩涂及内陆的易县、井陉、涞源、东陵、澎城、遵化、邢台大沙河等地可见，在西北部为夏候鸟，在其他地区为旅鸟，偶有越冬记录。

识别要点

嘴形较细长，黑色；脚土黄色或肉黄色；贯眼纹暗褐色；飞行时可见白色翼带。

相似种

1.剑鸻：短小的嘴分成前黑后橙两段；脚橙色。**2.环颈鸻**：嘴黑色；脚灰褐色或淡褐色；黑色领环在胸前断开。**3.金眶鸻**：黑色的嘴短小；具金黄色眼圈。

鸻形目
CHARADRIIFORMES

夏羽 / 陈建中 摄

幼鸟 / 李新维 摄

冬羽 / 张明 摄

环颈鸻
Charadrius alexandrinus

Kentish Plover
鸻科 Charadriidae　鸻属 *Charadrius*
夏候鸟　常见

雄鸟夏羽 / 孟德荣 摄

形态特征

体长15~18cm。嘴黑色。脚灰褐色或淡褐色。**雄鸟夏羽**：额和眉纹白色，额顶具黑色横斑。贯眼纹黑色。头顶至后颈沙棕色或棕褐色。后颈具明显的白领圈。上体余部灰褐色。胸侧的黑色斑块不在胸前汇合成胸带，呈缺口状，也有黑带相连个体。下体余部白色。**雌鸟夏羽**：似雄鸟，但黑色部分变为灰褐色或褐色。**冬羽**：头部缺少黑色和棕色。胸侧的斑块缩小，呈淡灰褐色。体羽偏灰色。**幼鸟**：似成年冬羽，额顶无黑褐色横斑。体色偏黄褐色，并具明显的淡色羽缘。

生态与分布

栖息于沿海滩涂、潮沟、盐田以及内陆的河滩、沼泽草地、湖滨、近水之盐碱荒滩。以小型昆虫、甲壳类、蠕虫、软体动物为食。分布于欧洲、亚洲、非洲、北美洲（东北部）。见于我国各地区。河北各地均有分布，在沿海地区有越冬种群。

识别要点

脚灰褐色或淡褐色；胸侧的黑色斑块不在胸前汇合成胸带，呈缺口状；飞行时可见白色翼带。

相似种

1.剑鸻：短小的嘴分成前黑后橙两段；脚橙黄色；黑色胸带闭合。**2.长嘴剑鸻**：体型较大；嘴明显较长；脚土黄色或肉黄色；黑色胸带闭合。**3.金眶鸻**：黑色的嘴短小；脚橙黄色、淡粉红色或黄色；具金黄色眼圈；黑色胸带闭合。

鸻形目
CHARADRIIFORMES 235

雌鸟夏羽 / 孟德荣 摄

冬羽 / 李新维 摄

雄鸟夏羽 / 李显达 摄

金眶鸻
Charadrius dubius

Little Ringed Plover
鸻科 Charadriidae　鸻属 *Charadrius*
夏候鸟　常见

形态特征

体长15~18cm。虹膜暗褐色，成鸟眼圈金黄色，幼鸟眼圈淡黄色。嘴短，黑色，下嘴基部黄色。脚橙黄色、淡粉红色或黄色。**夏羽**：雄鸟额基黑色，经眼先和眼周至耳羽形成黑色贯眼纹。前额、眉纹白色。额顶具与贯眼纹相连的黑色横斑，上缘具白色横纹和眉纹相连。颏、喉及颈环白色，下方有黑色胸带，环绕至上背。上体棕褐色，下体白色。外侧尾羽具白色端斑及黑色次端斑。雌鸟与雄鸟相似，但耳羽黑褐色，金黄色眼圈较细。**冬羽**：白色的前额和眉纹沾土黄色。额顶黑斑不明显。黑色胸带变为褐色。**幼鸟**：似成年冬羽，前额和眉纹淡黄色。额顶无黑色带斑。贯眼纹和胸带黑褐色。上体羽毛具淡色羽缘。

生态与分布

栖息于沿海滩涂、盐田、河滩、沼泽、草地和水田，常集小群活动。以昆虫、蜘蛛、蠕虫、甲壳类、软体动物为食。欧亚大陆、非洲北部、亚洲东南部及新几内亚有分布。见于我国各地区。河北各地均有分布。

识别要点

眼圈金黄色；嘴短小，黑色，下嘴基沾黄色；脚橙黄色、淡粉红色或黄色。

相似种

1.剑鸻：短小的嘴分成前黑后橙两段；头顶无白色横纹。**2.长嘴剑鸻**：黑色的嘴明显较长；黑色领环较窄。**3.环颈鸻**：头顶无白色横纹；无金黄色眼圈；黑色领环在胸前断开。

鸻形目
CHARADRIIFORMES

夏羽 / 崔建军 摄

幼鸟 / 李新维 摄

夏羽 / 陈建中 摄

蒙古沙鸻
Charadrius mongolus

Lesser Sand Plover
鸻科 Charadriidae　鸻属 *Charadrius*
旅鸟　常见

形态特征

体长18～20cm。嘴较短，黑色。脚黑褐色至淡黄褐色。**雄鸟夏羽**：额白色，上缘具黑斑。黑色而宽的贯眼纹延伸至耳羽。颏、喉、前颈白色。颈侧至胸棕红色，形成宽胸带，上缘有黑色细边，连至贯眼纹后端，有些个体棕红色延伸至胁部。腹以下白色。上体灰褐色。飞行时翼带白色。**雌鸟夏羽**：头部黑色和胸部橙红色部分较雄鸟色淡。胸带上无黑色细边。**冬羽**：夏羽的黑色和棕红色转为灰褐色。额与眉线白色。**幼鸟**：似成鸟冬羽，但胸部淡黄褐色，并向两胁延伸。上体具淡色羽缘。

生态与分布

单独或成群活动于河口沙洲、泥质海滩、盐田、沼泽、湖滨、近水的碱滩和荒草地。以软体动物、甲壳动物、昆虫为食。非洲、亚洲、大洋洲有分布。在我国，分布于新疆、西藏、青海、宁夏、甘肃、黑龙江、吉林、辽宁，另在东部和东南部沿海各地区有分布。在河北，见于秦皇岛、唐山、沧州沿海滩涂、盐田及内陆的衡水湖、平山等地。

识别要点

嘴短而细；后颈非白色；胸部棕红色延至两胁且上缘具黑线。

相似种

铁嘴沙鸻：体型稍大；嘴粗壮且明显超过眼先长；胸带较窄。

鸻形目
CHARADRIIFORMES 239

夏羽 / 李新维 摄

夏羽 / 陈建中 摄

雌鸟 / 赵俊清 摄

铁嘴沙鸻
Charadrius leschenaultii

Greater Sand Plover
鸻科 Charadriidae　鸻属 *Charadrius*
旅鸟　常见

形态特征

体长18～23cm。嘴黑色，较长而粗壮，明显长于眼先长度。脚黄褐色或灰绿色。**雄鸟夏羽**：额白色，额顶黑色，并与黑色贯眼纹相连。头顶、后颈、胸部红棕色，部分个体红棕色胸带上缘具黑色细边。颏、喉、前颈及腹以下白色。**雌鸟夏羽**：似雄鸟，但头部无黑色区域。胸部棕红色区域较淡，有的胸带中部断开。**冬羽**：黑色和棕红色部分变为灰褐色。额与眉纹白色。**幼鸟**：似成鸟冬羽，胸带较窄或断开，胸带及上体灰褐色。上体羽缘淡色。

生态与分布

栖息于沿海泥质海滩、河口、盐田、沼泽、湖滨、近水的碱滩和荒草地。以软体动物、甲壳动物和昆虫为食。非洲、亚洲、大洋洲有分布。在我国，分布于除黑龙江、西藏、云南之外的各省份。河北秦皇岛、唐山、沧州沿海地区及内陆的白洋淀、平山、邢台大沙河有分布。

识别要点

嘴粗而长；后颈非白色；胸部红棕色，较窄，不延至两肋。

相似种

1.蒙古沙鸻：体型稍小，嘴明显细小，嘴长约等于眼先长；胸带较宽，繁殖期胸部棕红色有时后延至两肋；飞行时，脚不伸出尾部。**2.东方鸻**：颈至胸由淡黄褐色逐渐过渡为栗红色宽带，其下缘有一明显的黑色横带。

鸻形目
CHARADRIIFORMES

雄鸟夏羽 / 李新维 摄

孟德荣 摄

雄鸟夏羽 / 陈建中 摄

东方鸻
Charadrius veredus

Oriental Plover
鸻科 Charadriidae　鸻属 *Charadrius*
旅鸟　罕见

形态特征

体长22～24cm。嘴黑色。脚较长，黄色或橙黄色。**雄鸟夏羽**：额黄白色。上体包括头顶和枕部灰褐色。眉纹、面颊、颏、喉、颈部白色。耳羽淡红褐色。颈上的淡黄褐色逐渐过渡至胸部为栗红色宽带，其下缘有一明显的黑色横带。腹以下白色。展翅时翼下暗色。**雌鸟夏羽**：面颊污棕色，眉纹不显。胸带沾黄褐色，下缘无黑色横带。**冬羽**：头顶、眼先、耳羽褐色略沾黄色，额、眉纹、颏、喉白色略沾淡黄色。胸淡灰褐色，下缘无黑色横带。上体包括后颈和翼上覆羽灰褐色，多灰白色或米黄色羽缘，呈现鳞状斑。**幼鸟**：似成鸟冬羽，但上体与翼上覆羽的羽缘沾更宽阔的灰白色或黄色。胸部淡灰褐色沾黄色，具灰褐色斑。

生态与分布

栖息于沿海滩涂、河口、浅水沼泽、草地、农田。以昆虫、甲壳类、软体动物为食。繁殖于俄罗斯远东及蒙古、日本、朝鲜、韩国和中国北方，越冬于亚洲东南部及大洋洲。我国东北、华北、华东、华南各地区有分布。在河北，见于石臼坨。

识别要点

脚黄色或橙黄色；宽阔的栗红色胸带下缘有黑色宽边；飞行时翼下暗色。

相似种

铁嘴沙鸻：具明显的黑色贯眼纹；胸带较窄，下胸无黑色横带；脚较短。

鸻形目
CHARADRIIFORMES

幼鸟 / 李新维 摄

换羽中 / 田穗兴 摄

夏羽 / 范怀良 摄

雌鸟 / 张明 摄

雄鸟夏羽 / 张明 摄

成鸟 / 张明 摄

丘鹬
Scolopax rusticola

Eurasian Woodcock
鹬科 Scolopacidae　丘鹬属 *Scolopax*
旅鸟　较常见

形态特征

体长32～38cm。嘴长而直，黄褐色，端部黑褐色。胫部被羽。脚短，粉灰色。两眼位于头上方偏后。体型圆胖，翅较宽大。**成鸟**：头灰褐色，头顶至枕后有3～4块暗色横斑。上体锈红色，杂有黑色、灰白色、灰黄色斑。腰和尾上覆羽具细的黑色横斑。尾羽黑色，端部银灰色。下体淡黄褐色，密布褐色横纹。**幼鸟**：羽色似成鸟，但前额乳黄白色，羽端沾黑色。颏被绒羽。上体黑斑较少。尾上覆羽棕色且不具横斑。

生态与分布

喜栖息于潮湿的稀疏林地、灌木丛和荒草地。多单只活动。夜行性，白天隐蔽，伏于地面，黄昏后起飞至开阔地觅食落叶层和软土中的蚯蚓、昆虫幼虫和蜗牛等。分布于欧洲、亚洲大部分地区。在我国，见于各地区。河北各地均有分布。

识别要点

两眼位于头上方偏后；头顶至枕后具3～4块暗色横斑。

鸻形目
CHARADRIIFORMES

成鸟 / 张明 摄

成鸟 / 郭玉民 摄

Marek Szczepanek 摄
来源：https://commons.wikimedia.org

姬鹬
Lymnocryptes minimus

Jack Snipe
鹬科 Scolopacidae　姬鹬属 *Lymnocryptes*
旅鸟　罕见

形态特征

体长17～19cm。雌雄相似。嘴较粗而直，略长于头长，黄褐色，端部黑褐色。脚短，暗黄色或灰绿色。头顶黑褐色泛金属光泽，暗色的头顶无淡色中央冠纹。眉纹淡黄色，较宽，贯穿一条孤立的暗色线条。贯眼纹、颊纹黑褐色。上体黑褐色，左右各有2条宽而长的皮黄色纵行条纹。肩羽青黑色且具光泽。胸和两肋具褐色纵纹。腹部白色。尾楔形，尾羽12枚，纯灰褐色。飞行时脚不伸出尾端。

生态与分布

栖息于森林、沼泽、湖泊、河流岸边和水稻田。性孤僻，常单独在夜晚和黄昏活动，白天极少飞行。主要以蠕虫、昆虫和软体动物为食，进食时头不停地点动。繁殖于欧洲北部至西伯利亚西部，越冬于非洲和欧洲南部、中东、亚洲东南部及印度。我国新疆西部、内蒙古东北、东部沿海地区有分布。河北北戴河有记录。

识别要点

嘴略长于头长；头顶无淡色中央贯纹，眉纹和侧贯纹相连。

相似种

1.扇尾沙锥：体型较大，嘴较长。**2.阔嘴鹬**：嘴先端向下弯曲。

鸻形目
CHARADRIIFORMES

Marek Szczepanek 摄
来源：https://commons.wikimedia.org

孤沙锥
Gallinago solitaria

陈建中 摄

Solitary Snipe
鹬科 Scolopacidae　沙锥属 *Gallinago*
旅鸟　偶见

形态特征

体长26～32cm。虹膜黑褐色。嘴细长而直，橄榄褐色，端部黑褐色。脚黄绿色。体色较暗，斑纹较细。头部灰白色，有3对暗褐色纵纹。颈侧棕褐色而具白色点斑。后颈、背、肩和翅上覆羽棕褐色而具黑色斑点。肩羽和三级飞羽外翈具白色羽缘，形成背部4条明显的白色纵纹。尾上覆羽棕褐色，具淡黑褐色横斑，端缘白色。尾羽18枚，3对中间尾羽具宽的棕栗色次端斑和黄白色端斑，二者之间具黑色细线；外侧尾羽狭窄而短，具黑白相间的横斑。颏和上喉白色，下喉至胸棕褐色而具细白色斑纹，下胸具淡色斑纹，腹部中央白色。两胁、腋羽、翅下覆羽和尾下覆羽白色而具黑褐色波状横斑。飞行时脚不伸出尾端。

生态与分布

栖息于林缘湿地、稻田、沼泽处。性孤僻，常单独活动，飞行时振翅较缓。以蜗牛、昆虫、蠕虫和植物种子为食。分布于亚种中部、远东及蒙古、伊朗、缅甸、印度。在我国，大部分地区有分布。河北衡水湖、新安、东陵、秦皇岛有记录。

识别要点

背部纵纹白色；棕褐色横斑细且较密；下体具波状细横纹。

相似种

大沙锥：体型略小；背部纵纹非白色，也无细的锈色横斑。

鸻形目
CHARADRIIFORMES

陈建中 摄

拉氏沙锥
Gallinago hardwickii

Ed Dunens 摄
来源：https://commons.wikimedia.org

Latham's Snipe
鹬科 Scolopacidae　沙锥属 *Gallinago*
旅鸟　罕见

形态特征

体长25～30cm。虹膜暗褐色。嘴较粗长，基部绿褐色，端部黑褐色。脚黄绿色。头部中央冠纹、眉纹和颊白色，侧冠纹、贯眼纹与颊黑褐色。上体暗褐色，多淡黄色羽缘，具4条细而不甚明显的黄白色纵带。尾羽16～18枚，多数18枚；最外侧尾羽宽4～6mm。翅折合时，尾羽超出翅尖较长。三级飞羽特长，几与初级飞羽平齐。颏淡黄色。前颈至胸黄褐色，密布褐斑。腹白色，两胁多褐色横斑纹。飞行时脚伸出尾端。

生态与分布

栖息于灌丛、水田、沼泽、河滩及草地。晨、昏活动，飞行笨拙。以长嘴插入土中觅食。食软体动物、蚯蚓、甲壳类、昆虫及植物种子。繁殖于日本及俄罗斯萨哈林岛，越冬于新几内亚和澳大利亚。迁徙季节偶尔途经我国东部沿海地区，黑龙江、吉林、辽宁、河北、台湾有记录。在河北记录于北戴河。

识别要点

野外鉴别比较困难。大小与体色似大沙锥，但体型更大；尾羽较大沙锥少而最外侧尾羽更宽，上体暗褐色，多淡黄色羽缘，具4条黄白色细纵带；尾羽超出翅尖较长；飞行时脚伸出尾端。

相似种

大沙锥：体色较深，偏灰褐色；尾羽多20枚，最外侧尾羽较窄，2～4mm；飞行时脚不伸出尾端。

鸻形目
CHARADRIIFORMES

JJ Harrison 摄
来源：https://commons.wikimedia.org

Ed Dunens 摄
来源：https://commons.wikimedia.org

陈建中 摄

针尾沙锥
Gallinago stenura

Pintail Snipe
鹬科 Scolopacidae　沙锥属 *Gallinago*
旅鸟　常见

形态特征

体长24~28cm。虹膜暗褐色。嘴长而直，约为头长的1.5倍，黄褐色或灰褐色，端部黑褐色。脚短，黄绿色或灰绿色。额、头顶和枕部黑褐色，头顶中央冠纹及眉纹棕白色。贯眼纹暗褐色，眼前细窄，眼后较模糊。上体杂红棕色和黑色，多黄白色羽缘。颈、胸淡棕色，具暗褐色纵纹。两翼圆。腹部白色，两胁及翼下覆羽具暗褐色横斑。尾短，尾羽24~28枚，外侧6~9对尾羽狭而坚硬，最外侧尾羽仅为一羽轴。飞行时脚向后超出尾端较多。

生态与分布

栖息于河流、湖边、沼泽、稻田、芦苇丛的浅水区。受惊时发出惊叫声，快速上下跳动即锯齿状飞行。以昆虫、甲壳类和软体动物为食。在国外繁殖于欧亚大陆北部，越冬于亚洲南部及东南部地区。在我国，繁殖于东北地区，迁徙时经全国各地。河北各地都有分布。

识别要点

嘴约为头长的1.5倍；两胁横纹非"V"字形，肩羽外侧羽缘较窄；飞行时翼下密布暗褐色斑纹，次级飞羽无明显白色，外侧7对尾羽成针状；惊飞时呈锯齿状飞行。

相似种

1.扇尾沙锥：嘴长约为头长的2倍；肩羽外翈很宽，内翈不明显；飞行时，次级飞羽的白色羽缘明显，翼下具明显的白色亮区；尾羽12~18枚，各尾羽宽度相当；惊飞时成"Z"字飞行。**2.大沙锥**：两胁"V"字形横纹较显著；两翼尖；尾羽20枚，从中央尾羽向外侧逐渐均匀变窄；飞行时脚几乎与尾等齐，惊飞时成短距离直线飞行。

鸻形目
CHARADRIIFORMES

陈建中 摄

文胤臣 摄

大沙锥
Gallinago megala

Swinhoe's Snipe
鹬科 Scolopacidae　沙锥属 *Gallinago*
旅鸟　较常见

形态特征

体长26～29cm。虹膜暗褐色。嘴长直，嘴基灰绿色或角黄色，端部黑褐色。脚青灰色或黄绿色。头形大而方，中央冠纹、眉纹、颊、喉淡褐色。侧冠纹、贯眼线、颊纹黑褐色。背、肩羽具黑色轴斑，羽缘淡色，内外侧羽缘宽度相近，形成鳞纹；翼覆羽褐色，具黑色横斑。颈、胸黄褐色，密布黑褐色斑。腹部白色，两胁具"V"字形褐色横纹。尾羽18~26枚（多数20枚），且从中央尾羽向外侧逐渐均匀变窄，飞行时次级飞羽后缘非白色，翼下覆羽具黑褐色斑点，脚不伸出尾端。

生态与分布

常栖于沼泽、水田及湿润草地。不喜飞行，惊起时飞行缓慢、稳定，一般为短距离直线飞行。以蚯蚓、昆虫及螺类为食。繁殖于亚洲中部、西伯利亚及蒙古，冬季南迁至亚洲南部、中南半岛、南洋群岛及大洋洲。在我国，除云南外，见于各地区。河北邢台、衡水湖、白洋淀、平山、沧州、唐山、秦皇岛有记录。

识别要点

嘴约为头长的1.5倍；两胁横纹呈"V"字形，肩羽外侧羽缘较窄；飞行时翼下密布暗褐色斑纹，次级飞羽无白色后缘，由中央尾羽向外逐渐变窄但非针状。

相似种

1.针尾沙锥：嘴较短；尾羽多26枚，最外侧7对成针状；飞行时脚向后超出尾部较多；惊飞时成锯齿状飞行。**2.扇尾沙锥**：嘴长约为头长的2倍；肩羽外侧的羽缘很宽，内侧羽缘不明显；尾羽12～18枚，各尾羽宽度相当；飞行时次级飞羽羽缘白色，翼下具明显的白色亮区；惊飞时成锯齿状飞行。

保护级别

河北省重点保护野生动物。

文胤臣 摄

陈建中 摄

扇尾沙锥
Gallinago gallinago

Common Snipe
鹬科 Scolopacidae　沙锥属 *Gallinago*
旅鸟　较常见

形态特征

体长24~30cm。虹膜暗褐色。嘴基黄褐色或红褐色,端部黑色,嘴长约为头长的2倍。脚青灰色或黄褐色。头部中央冠纹、眉纹、颊、喉皮黄色。头侧纹、贯眼纹、颊纹黑褐色,近嘴基处之贯眼纹通常较皮黄色眉纹宽。颈、胸黄褐色,有黑褐色纵纹。腹以下白色,两胁具黑褐色横斑。上体黑褐色,杂有白色、暗红色、棕色、黄色横斑。背、肩羽具黑色轴斑,外侧羽缘宽而颜色鲜明,形成白色或黄白色纵线,内侧羽缘窄而不明显。翼尖及覆羽褐色,有黑褐色斑纹。尾羽12~18枚,各尾羽的宽度大致相当。飞行时次级飞羽后缘白色,翼下具明显白色宽带,脚伸出尾端。

生态与分布

单独或小群出现于沼泽、水田、河岸、沟渠等地带,有时聚集上百只大群,常隐蔽在芦苇草丛中,受惊时跳出做锯齿状飞行,并发出警叫声。空中炫耀时向上攀升并俯冲,外侧尾羽伸出,颤动有声。以蚯蚓、昆虫、螺类及植物种子为食。繁殖于古北界,越冬于非洲、亚洲(东南部)及印度。在我国,见于各地区。河北各地均有分布。

识别要点

嘴约为头长的2倍;肩羽外侧羽缘宽阔,飞行时翼下覆羽白色,次级飞羽白色羽缘明显,各尾羽宽度相当;惊飞时呈锯齿状飞行。

相似种

1.针尾沙锥:嘴较短,约为头长的1.5倍;飞行时翼下密布暗褐色横斑,次级飞羽无明显白色后缘,尾羽24~28枚,最外侧7对成针状。**2.大沙锥**:尾羽20枚,从中央尾羽向外侧逐渐均匀变窄;飞行时翼下密布黑褐色横斑,脚几乎与尾等齐;惊飞时成短距离直线飞行。**3.姬鹬**:嘴粗壮,淡色侧冠纹与眉纹相连。

鸻形目
CHARADRIIFORMES

257

陈建中 摄

李新维 摄

冬羽 / 李新维 摄

半蹼鹬
Limnodromus semipalmatus

Asian Dowitcher

鹬科 Scolopacidae　半蹼鹬属 *Limnodromus*

旅鸟　常见

形态特征

体长31~36cm。虹膜暗褐色。嘴长而直，前端膨大，黑褐色，嘴基暗绿。脚长，近黑色。**雄鸟夏羽**：头、颈、胸、胁、背肩部锈红色，头上至后颈有黑色细纵纹，背肩羽具黑色宽轴斑及红褐色羽缘。腰和尾上覆羽白色，具黑褐色横斑。上腹有斑驳的锈红色。腹以下白色，有淡红褐色羽毛及黑褐色横斑。翼下覆羽白色。**雌鸟夏羽**：似雄鸟，但羽色较淡。背面羽缘白色。**冬羽**：头上至后颈淡褐色，有黑褐色纵斑。眉纹、颊白色，贯眼纹黑褐色。上体灰褐色，羽轴斑黑色，羽缘白色。下体白色，颈、胸、胁多褐色斑点。**幼鸟**：似冬羽，但背部羽缘黄褐色。胸淡黄褐色。

生态与分布

栖息于河口、潮间带、沼泽及水田等地带。以昆虫、蠕虫为食，进食时径直朝前行走，边走边把嘴扎入泥土找食。繁殖于西伯利亚（西南部）、蒙古、中国（东北地区），越冬于亚洲东南部及印度、澳大利亚（北部）。在我国，分布于新疆、青海、内蒙古、北京及沿海地区。河北秦皇岛、唐山、沧州沿海湿地有分布。

识别要点

嘴黑褐色，粗长而直，前端略显膨胀；脚长，近黑色。

相似种

1.黑尾塍鹬：体型稍大；长而直的嘴为淡橙红色，端部黑色；尾羽末端黑色。**2.斑尾塍鹬**：体型稍大；嘴略上翘。**3.长嘴半蹼鹬**：体型稍小；脚较短，脚褐绿色或黄绿色。

保护级别

河北省重点保护野生动物。

鸻形目
CHARADRIIFORMES

冬羽 / 李新维 摄

换羽中 / 孟德荣 摄

夏羽 / 陈建中 摄

长嘴半蹼鹬
Limnodromus scolopaceus

Long-billed Dowitcher
鹬科 Scolopacidae　半蹼鹬属 *Limnodromus*
迷鸟　罕见

形态特征

体长约27~30cm。虹膜暗褐色。嘴长且直，黑褐色，嘴基暗绿色或黄绿色。脚褐绿色或黄绿色。**夏羽**：头、颈、胸、腹、胁锈红色，并布满暗褐色斑点。翅下覆羽白色，散布棕色横斑。**冬羽**：羽色偏灰，具白色眉纹及灰褐色贯眼纹。上体暗灰褐色，羽缘淡色。喉、前颈、胸乌灰色。腹以下白色。尾下覆羽具黑斑。**幼鸟**：似冬羽，但背、肩部羽缘红褐色。颈、胸、胁染黄褐色。

生态与分布

栖息于沿海滩涂、内陆沼泽及水田。以昆虫、螺类、虾蟹及植物种子为食。繁殖于西伯利亚东北部及阿拉斯加西部，越冬于北美洲南部至美洲中部，少数沿西太平洋迁徙至日本、韩国及中国沿海（包括台湾）。河北北戴河1998年10月5日有记录。

识别要点

嘴黑褐色，基部暗绿色或黄绿色；脚褐绿色或黄绿色。

相似种

半蹼鹬：体型稍大；嘴前端略膨大；脚较长。

鸻形目
CHARADRIIFORMES

夏羽 / 陈建中 摄

夏羽 / 李新维 摄

斑尾塍鹬
Limosa lapponica

Bar-tailed Godwit
鹬科 Scolopacidae　塍鹬属 *Limosa*
夏候鸟　罕见

形态特征

体长37～41cm。虹膜暗褐色。嘴长而略上翘，基部粉红色，端部黑色，雌鸟嘴较雄鸟稍长。脚黑色或灰色。**雄鸟夏羽**：头、颈、下体深棕栗色。头上至后颈有黑色细纵纹。背面有黑色轴斑，羽缘白色或红褐色。尾上覆羽及尾羽具黑白相间的横斑。飞行时翼下覆羽具黑褐色斑纹，脚伸出尾端较短。**雌鸟夏羽**：体型较大，体色较淡，近似冬羽。**冬羽**：头和上体灰褐色，具黑色羽干纹及淡色羽缘。眉纹白色，贯眼纹褐色。颈、胸淡灰褐色，具黑色细纵纹。两胁具黑褐色横纹。腹以下白色。**幼鸟**：似成鸟冬羽，但上体白色斑点明显。颊至胸褐色较浓。

生态与分布

常栖息于潮间带、河口、沙洲、沼泽与水田地带。以软体动物、甲壳类、环节动物、昆虫等为食，常将嘴插入泥中探取猎物。分布于欧亚大陆北部、北美洲西部、南非、印度、澳大利亚等地。在我国，见于新疆及东北、华东各地区。河北秦皇岛、唐山、沧州沿海湿地有分布。

识别要点

嘴长而略上翘；夏羽胸、腹、两胁棕红色；飞行时无明显白色翼带，尾具黑白相间的横斑。

相似种

1.半蹼鹬：体型稍小；嘴直，黑褐色，膨大。**2.黑尾塍鹬**：嘴长而直；夏羽红色部分仅延伸至胸部；飞行时具白色翼带，翼下覆羽白色，尾羽末端黑色，脚伸出尾部较长。

鸻形目
CHARADRIIFORMES

夏羽 / 孟德荣 摄

夏羽 / 李新维 摄

冬羽 / 李新维 摄

幼鸟 / 赵俊清 摄

黑尾塍鹬
Limosa limosa

Black-tailed Godwit
鹬科 Scolopacidae　塍鹬属 *Limosa*
旅鸟　常见

形态特征

体长36～44cm。虹膜暗褐色。嘴长而直，淡橙红色，嘴端黑色。脚长，黑灰色或蓝灰色。**夏羽**：头、颈、胸棕栗色，头上至后颈有黑褐色细纵纹。眉纹乳白色，贯眼纹黑褐色，眼上、下方各具一块不规则的半月形白斑。背面灰褐色，有红褐色及黑色斑。胸侧、两胁具黑褐色横斑。腹以下白色。飞行时可见宽阔的白色翼带，尾端黑色，脚伸出尾端较长。**冬羽**：头、颈、胸淡灰褐色。眉纹白色。背面灰褐色，有暗色轴斑。胸、胁无横纹。腹以下白色。**幼鸟**：似成鸟冬羽，但背部淡色羽缘之内侧黑色。胁淡黄褐色。

生态与分布

栖息于沿海泥滩、河流两岸、沼泽及水田。以昆虫、软体动物、甲壳类、环节动物及植物种子为食。广布于欧洲、亚洲、非洲及大洋洲。在我国，除西藏外，见于各地区。河北衡水湖、白洋淀及秦皇岛、唐山、沧州沿海湿地有分布。

识别要点

嘴长而直；夏羽胸侧和两胁具黑褐色横斑；飞行时可见白色翼带，白腰和黑色尾端对比明显。

相似种

1.半蹼鹬：体型稍小；嘴黑褐色，尖端膨大；飞行时脚伸出尾部较短。**2.斑尾塍鹬**：嘴明显上翘；腹部红褐色部分延伸至下腹部；飞行时无白色翼带，翼下覆羽具斑纹，尾羽具黑白相间的斑纹，脚伸出尾端较短。

鸻形目
CHARADRIIFORMES

飞行群 / 李新维 摄

幼鸟 / 赵俊清 摄

冬羽 / 崔建军 摄

小杓鹬
Numenius minutus

成鸟 / 梁长友 摄

Little Curlew
鹬科 Scolopacidae　杓鹬属 *Numenius*
旅鸟　偶见

形态特征

体长29~32cm。虹膜暗褐色。嘴黑褐色，下嘴基肉色，嘴长而略下弯，约为头长1.5倍。脚灰褐色。**成鸟**：头至颈部淡黄褐色，有黑色纵纹。中央冠纹、眉纹乳白色，侧冠纹黑褐色，贯眼纹黑色。上体各羽有黑褐色轴斑，羽缘白色或淡黄褐色。胸、胁淡黄褐色，有黑褐色纵纹。喉及腹以下白色。飞行时腰与尾羽淡黄褐色，尾羽有黑褐色横斑。**幼鸟**：通体较多土黄色杂斑。胸前的褐色条纹和胁部暗斑不显著或消失。

生态与分布

常单只或结群出现在平坦开阔的草地、农田、淡水湿地和盐田。主要以昆虫及其幼虫、软体动物等为食，也食草籽。繁殖于西伯利亚东部和蒙古，越冬于印度尼西亚至澳大利亚。在我国，东北、西北、华北地区和东南沿海等地有分布。河北秦皇岛、北戴河、滦河口、海兴等地可见。

识别要点

嘴细而短；腰无白色。

相似种

中杓鹬：体型较大，嘴较长而弯，长约为头长的2倍；头部具西瓜皮纹，体侧具粗横纹；飞行时腰白色。

保护级别

国家Ⅱ级重点保护野生动物；《濒危野生动植物种国际贸易公约》附录Ⅰ物种。

鸻形目
CHARADRIIFORMES

梁长友 摄

李新维 摄

成鸟 / 李新维 摄

中杓鹬
Numenius phaeopus

Whimbrel
鹬科 Scolopacidae　杓鹬属 *Numenius*
旅鸟　常见

形态特征

体长40~46cm。虹膜暗褐色。嘴黑色,下嘴基肉色,嘴较长而下弯,约为头长2倍。脚蓝灰色。**成鸟**:中央冠纹、眉纹白色,侧冠纹黑褐色。头、颈、胸以下淡褐色,颈、胸有黑褐色纵纹,两胁具黑褐色横斑。上体灰褐色,羽缘淡色。飞行时腰及尾上覆羽白色,尾羽淡褐色,有黑褐色横斑,翼下有黑褐色斑纹。**幼鸟**:似成鸟,但胸部微具细窄纵纹。肩和三级飞羽皮黄色更显著。

生态与分布

单独或结群出现于河口、潮间带、盐田及内陆沼泽、河岸、盐湖及附近的农田和草地。善于行走,步伐大而缓慢,边走边用嘴插入泥中探觅食物,也可在地面啄食。食物以甲壳类、环节动物、软体动物、昆虫等为主。繁殖于欧亚大陆北部,冬季南迁至亚洲南部、东南部及澳大利亚、新西兰。在我国,大部分地区可见。河北衡水湖及秦皇岛、唐山、沧州沿海地区有分布。

识别要点

嘴较长而下弯,约为头长2倍;头具西瓜皮样花纹,下背和腰白色。

相似种

小杓鹬:体型较小;嘴较短,嘴长约为头长的1.5倍;飞行时腰及尾上覆羽淡黄褐色。

鸻形目
CHARADRIIFORMES

幼鸟 / 李新维 摄

成鸟 / 赵俊清 摄

白腰杓鹬
Numenius arquata

成鸟 / 李新维 摄

Eurasian Curlew
鹬科 Scolopacidae　杓鹬属 *Numenius*
旅鸟　常见

形态特征

体长57～63cm。虹膜暗褐色。嘴黑褐色，下嘴基肉红色，嘴甚长而下弯，嘴长为头长3倍以上。脚青灰色。**成鸟**：头、颈、胸黄褐色，密布黑褐色纵纹。眼先具暗色斑。上体灰褐色，多缀淡黄褐色羽缘。颏、腹以下白色。飞行时背至腰白色，尾羽白色，具黑褐色横斑，翼下覆羽白色。**幼鸟**：似成鸟，但通体更多土黄色。上体黄色羽缘较宽阔。胸、胁斑纹较纤细。

生态与分布

成群出现于河口、潮间带、沙洲及沿海滩涂。以甲壳类、软体动物、蠕虫、昆虫、小鱼为食，常以长嘴插入泥中，啄出蟹类后，甩落蟹脚再吞食。繁殖于古北界北部，越冬于非洲和中东、亚洲南部、亚洲东南部及中国（南部）、澳大利亚。在我国，除贵州外，见于各地。河北各地都有分布，在唐山、天津、沧州沿海滩涂有越冬种群。

识别要点

嘴长而下弯，约为头长3倍；下背、腰、腹、尾下、翅下白色；尾白色且具横斑。

相似种

大杓鹬：体羽黄褐色，背、腰、尾、下体污白色；飞行时背部无白斑，翅下密布黑褐色斑纹。

鸻形目
CHARADRIIFORMES

鸟群 / 李新维 摄

成鸟 / 崔建军 摄

大杓鹬
Numenius madagascariensis

Far Eastern Curlew
鹬科 Scolopacidae　杓鹬属 *Numenius*
旅鸟　较常见

成鸟 / 李新维 摄

形态特征

体长54~64cm。虹膜暗褐色。嘴黑色，下嘴基肉红色或黄褐色，嘴甚长而下弯，为头长的3倍以上，雌性长于雄性。脚蓝灰色。**成鸟**：全身黄褐色。眼先略具暗色斑。头、颈、胸、胁具黑褐色纵纹。上体黑褐色，具淡红褐色、淡黄色或白色羽缘。下体淡褐黄色至污白色。飞行时下背、腰及尾上覆羽与上背同为红褐色，腰及尾羽具黑褐色横斑，翼下覆羽和腋羽密布黑褐色斑纹。**幼鸟**：似成鸟，但上体及翼上覆羽具更多淡黄色斑点，下体的暗色斑纹更细狭。

生态与分布

单独或成对出现于海滨潮间带、河口及海岸附近的沼泽和稻田，也常与白腰杓鹬混群。以甲壳类、软体动物、昆虫、小鱼、两栖动物为食。繁殖于亚洲东北部，冬季南迁至亚洲东南部及澳大利亚、新西兰。在我国，除新疆、西藏、云南、贵州外，见于各地。河北秦皇岛、唐山、沧州沿海地区及衡水湖、邢台大沙河有分布。

识别要点

下弯的嘴甚长，为头长的3倍以上；下背、腰及尾上覆羽与上背同为红褐色，翼下白色但密布黑褐色斑纹，尾下及下腹淡红褐色。

相似种

白腰杓鹬：体色明显浅淡，下体几乎为白色，腰、下背及尾上覆羽白色；飞行时，翼下覆羽几乎全白色。

鸻形目
CHARADRIIFORMES

成鸟 / 李新维 摄

幼鸟 / 李新维 摄

夏羽 / 李新维 摄

鹤鹬
Tringa erythropus

Spotted Redshank
鹬科 Scolopacidae　鹬属 *Tringa*
旅鸟　常见

形态特征

体长27～33cm。虹膜暗褐色。嘴细长且直，近端略下弯，黑色，下嘴基部橙红色。脚长，飞行时脚伸出尾端较长。**雄性夏羽**：脚暗红色或近黑色。全身大致黑色，眼圈白色，肩及翼上覆羽具白色羽缘，下腰和尾上覆羽具白色斑纹。尾羽灰黑色，具白色细横斑，尾下覆羽具暗灰色和白色横斑。胸侧、两胁具白色鳞状斑。腋羽、翼下覆羽白色。**雌性夏羽**：似雄性，但体色较淡，多具白色或灰白色斑点。尾下白色。**冬羽**：脚红色。头至上背鼠灰色，背面具白斑。头上有黑色细纵纹。眉纹白色，暗色贯眼纹明显。下体白色，胸侧、胁具灰色横斑。**幼鸟**：似成鸟冬羽，但背面羽色较暗。下体密布灰褐色细斑纹。

生态与分布

常单只或成小群栖息于湖泊、鱼塘、沼泽、河口及沿海滩涂。以甲壳类、软体动物、昆虫、小鱼为食。繁殖于欧洲北部、西伯利亚北部及东北部，越冬至非洲、亚洲（东南部）及印度和中国东南部。在我国，见于各地。河北各地都有分布。

识别要点

嘴型细长且末端略下弯，下嘴基部橙红色；飞行时脚伸出尾部较长，次级飞羽非白色。

相似种

红脚鹬：嘴较粗短，上下嘴基部均红色或橙红色；夏羽下体白色，具黑褐色纵纹；冬羽上体褐色较浓，次级飞羽白色，飞行时明显。

鸻形目
CHARADRIIFORMES

换羽中 / 李新维 摄

冬羽 / 李显达 摄

夏羽 / 李新维 摄

红脚鹬
Tringa totanus

换羽中 / 赵俊清 摄

Common Redshank
鹬科 Scolopacidae   鹬属 *Tringa*
旅鸟 / 夏候鸟   常见

形态特征

体长23~29cm。虹膜暗褐色，眼圈白色。嘴端部黑色，基部红色或橙红色。脚橙红色。**夏羽**：头上淡红褐色，具黑褐色纵纹。眉纹白色，贯眼纹黑褐色。上体茶褐色，具黑褐色斑点。下体白色，颊至胸布满黑褐色羽干纹。飞行时腰、次级飞羽和翼下覆羽白色，尾羽白色，具黑褐色细横纹。**冬羽**：上体为单调的灰褐色，羽干纹不明显。下体白色，胸部泛灰色，多黑褐色细纹纹；两胁及尾下具黑褐色斑。**幼鸟**：似成鸟冬羽，但嘴橙红色较淡，脚橘黄色。上体具淡黄褐色羽缘及斑点。下体白色，胸、胁和尾下具细的暗色条纹。

生态与分布

常单独或成小群出现于河流、沼泽、湖岸、稻田、池塘、河口、沙洲、海滩。以昆虫、甲壳类、软体动物为食。繁殖于欧亚大陆及蒙古、中国（东北地区），冬季迁徙至非洲、中东、亚洲东南部及印度、中国（东南部）。在我国，分布几乎遍布全国。在河北北部张家口和承德地区为夏候鸟，中南部各地为旅鸟。

识别要点

嘴较粗壮，基部红色或橙红色而端部黑色；脚橙红色；飞行时，翼后缘具白色宽带。

相似种

鹤鹬：嘴部更细长，且仅下嘴基部为红色，上嘴端部略下弯；次级飞羽非白色；飞行时，脚伸出尾部较多。

鸻形目
CHARADRIIFORMES
277

夏羽 / 李新维 摄

夏羽 / 崔建军 摄

换羽中 / 李新维 摄

泽鹬
Tringa stagnatilis

Marsh Sanderpiper
鹬科 Scolopacidae　鹬属 *Tringa*
旅鸟　常见

形态特征

体长19～26cm。虹膜暗褐色。嘴细长，直而尖，黑色，基部灰绿色。脚甚长，灰绿色或黄绿色。**夏羽**：上体淡灰褐色，颊、颈偏白，头、颈、上胸密布黑褐色细纵斑。背部各羽具大块黑色锚形斑。下背、腰和尾上覆羽白色。尾白色且具暗褐色横斑。下胸以下白色，两胁具黑褐色斑纹。翼下覆羽近白色。飞行时，脚伸出尾部甚长。**冬羽**：似夏羽，但上体灰色或淡灰褐色，无黑色锚形斑，羽缘淡色。下体全白色，仅颊、颈侧有不明显的灰褐色纵斑。**幼鸟**：似成鸟冬羽，但背面羽色较暗，具黄褐色羽缘。翼上或有黑褐色暗斑。

生态与分布

喜湖泊、沼泽、池塘、稻田、河边、盐田，并偶尔至沿海滩涂，秋冬季可结成大群，常与其他鹬类混群。以小鱼、昆虫、甲壳类、软体动物为食。繁殖于欧亚大陆及蒙古、中国（东北地区），冬季南迁至非洲、南亚、东南亚及大洋洲。在我国，除西藏、云南、贵州外，见于各地。河北各地都有分布。

识别要点

嘴黑色，嘴形直且细长而尖；脚细长，绿色，体高挑；体色较淡。

相似种

1.青脚鹬：体型更大且肥胖，嘴粗且微上翘，基部蓝灰色或绿灰色；翼下覆羽密布暗色细纹。**2.小青脚鹬**：体型较大，嘴更为粗壮，嘴基黄褐色或绿色，因胫部较短，体型明显偏矮；飞行时，仅脚趾伸出尾部。

鸻形目
CHARADRIIFORMES

冬羽 / 李新维 摄

换羽中 / 李新维 摄

换羽中 / 孟德荣 摄

青脚鹬
Tringa nebularia

Common Greenshank
鹬科 Scolopacidae　鹬属 *Tringa*
旅鸟　常见

形态特征

体长30~35cm。虹膜暗褐色。嘴基部蓝灰色或绿灰色，端部黑色，长而粗且略向上翘。脚略长，青灰色、灰绿色或黄绿色。**夏羽**：头上至后颈灰色，具灰褐色纵纹。背部灰褐色，具黑褐色轴斑及白色羽缘。下体白色，颊至胸、两胁具黑褐色纵纹。飞行时腰、尾上覆羽白色，尾羽白色具黑褐色横纹，翼下覆羽具暗色细纹。**冬羽**：头、颈白色，具灰褐色细纵纹。背面灰褐色，羽缘白色，羽缘内侧及羽轴黑色。下体全白色，胸侧有黑色纵斑。**幼鸟**：似成鸟冬羽，但上体具土黄色羽缘和暗色亚端斑。颈和胸侧具褐色细纵纹。两胁具淡褐色横斑。

生态与分布

通常单独或成小群活动于沿海滩涂、盐田和内陆沼泽、湖泊、河滩。以昆虫、甲壳类、软体动物、小鱼等为食，以嘴在水里左右扫动寻找食物。繁殖于欧亚大陆、西伯利亚，越冬于非洲南部、亚洲南部、亚洲东南部及大洋洲。在我国，见于各地。河北各地有分布。

识别要点

嘴厚且略上翘，基部蓝灰色或绿灰色而端部黑色；颈显长；飞行时翼下覆羽具黑褐色波形横纹，脚伸出尾部较多。

相似种

1.泽鹬：体型较小；黑色的嘴细、直、尖；脚较长；翼下覆羽近白色。**2.小青脚鹬**：极似青脚鹬，但颈部较短，嘴形显粗且基部黄褐色或绿色；脚较短而显黄绿色；飞行时，翼下覆羽为纯白色，仅趾露出尾部。

鸻形目
CHARADRIIFORMES 281

换羽中 / 赵俊清 摄

孟德荣 摄

小青脚鹬
Tringa guttifer

夏羽 / 田穗兴 摄

Nordmann's Greenshank
鹬科 Scolopacidae　鹬属 *Tringa*
旅鸟　偶见

形态特征

体长29～32cm。虹膜暗褐色。嘴粗壮而略上翘，基部黄褐色或绿色，端部黑色。颈较粗短。脚较短，三趾间有半蹼。**夏羽**：头部暗褐色，多白色细纹。上体黑褐色，具灰白色羽缘。下体白色，颈、胸及两胁具黑褐色斑。飞行时下背至尾上覆羽、翼下覆羽白色，尾羽白色或具暗色纹；脚黄绿色，与尾齐或仅趾伸出尾后。**冬羽**：似夏羽，但前额和眉纹白色。前颈纵纹消失。背面灰色，羽缘白色。脚黄色。**幼鸟**：似成鸟冬羽，但头顶和上体偏褐色。背有白色斑点和皮黄白色羽缘。胸缀有褐色斑。

生态与分布

喜沿海泥滩，单独出现于河口、潮间带、沙洲及沼泽等地带。以软体动物、甲壳类、昆虫、小鱼等为食。繁殖于俄罗斯萨哈林岛、鄂霍次克海西岸及库页岛，冬季迁徙途经日本、韩国及中国的东部沿海、香港、台湾，越冬于孟加拉国和中南半岛。河北北戴河和石臼坨有记录。

识别要点

嘴粗壮而上翘，基部黄褐色或绿色而端部黑色；颈显粗短；飞行时翼下覆羽近白色，仅趾伸出尾部。

相似种

青脚鹬：体型更显高挑；嘴较细长，基部蓝灰色或绿灰色；脚较长，仅两趾连蹼，飞行时脚伸出尾部较多。

保护级别

国家Ⅱ级重点保护野生动物；《濒危野生动植物种国际贸易公约》附录Ⅰ物种。

鸻形目
CHARADRIIFORMES 283

换羽中 / 白清泉 摄

夏羽 / 田穗兴 摄

夏羽 / 郭玉民 摄

白腰草鹬
Tringa ochropus

Green Sandpiper
鹬科 Scolopacidae　鹬属 *Tringa*
旅鸟 / 夏候鸟　常见

形态特征

体长20~24cm。虹膜暗褐色，眼圈白色。嘴较短而直，基部灰褐色或暗绿色，端部黑色。脚灰绿色。**夏羽**：上体暗橄榄褐色，羽缘具细小的白色点斑。白色短眉纹与眼圈相连。眼先的暗色线条在眼后不明显。颊至胸具褐色纵纹，下体白色。飞行时尾上覆羽至尾羽白色，尾端具3~4条黑褐色横带，翼下黑褐色，仅趾伸出尾后。**冬羽**：头上灰褐色且无斑纹。背部白色斑点较细而少。颊至上胸淡褐色，具不明显的暗色纵纹。**幼鸟**：似冬羽，但上体和胸部偏黄褐色，多白色或土黄色条纹和点斑。颊至胸纵纹较少。

生态与分布

常单独或成对活动，喜在小水塘、沼泽地、湖边、水田、山涧溪流、河滩、沟渠等浅水处觅食。性机警，常上下抖动尾部。食物为昆虫、蜘蛛、甲壳类、软体动物和杂草籽等。广布于欧洲、亚洲、非洲，繁殖于欧亚大陆北部，越冬于欧洲（西部）、非洲、亚洲（东南部）及印度、中国（南方）。在我国，见于各地。河北各地有分布。

识别要点

白色眉纹和白色眼圈相连而不后延；上体暗橄榄褐色，羽缘具细小的白色点斑；飞行时翼下黑褐色且具白色细纹，仅趾伸出尾后。

相似种

1.林鹬：白色眉纹明显，且超过眼上方；上体较淡，背部白色斑点大且多；脚黄色、绿色或褐绿色，较长，飞行时脚明显伸出尾部；翼下近白色。**2.矶鹬**：体型稍小；背部无明显白色斑点；翼前具白色凸起斑；飞行时明显可见白色翼带，且尾上覆羽非白色。

鸻形目
CHARADRIIFORMES

幼鸟 / 陈建中 摄

夏羽 / 崔建军 摄

林鹬
Tringa glareola

冬羽 / 李新维 摄

Wood Sandpiper
鹬科 Scolopacidae　鹬属 *Tringa*
旅鸟　常见

形态特征

体长19～23cm。虹膜暗褐色。嘴直，基部黄绿色或墨绿色，端部黑色。脚长，黄色、绿色或褐绿色。**夏羽**：头上至后颈灰褐色，具黑色细纵纹。白色眉纹从嘴基延伸至耳后，贯眼纹黑褐色。背面黑褐色，具白色或黄褐色羽缘及斑点。下体白色，颊至上胸和两胁多暗褐色纵斑纹。飞行时尾上覆羽至尾羽白色，尾羽有黑褐色横斑，翼下大致白色或杂灰褐色斑纹，脚明显伸出尾部。**冬羽**：上体偏灰褐色，具白色斑点。颊至上胸和两胁淡褐色，具不明显褐色纵纹。**幼鸟**：背面暗褐色，具淡褐色斑点和羽缘。胸部土黄色，或具黑褐色细纹。两胁无横斑，尾缀皮黄色。

生态与分布

常单独或成小群栖息于河滩、沼泽、水库、池塘、稻田和盐田，有时与其他鸻鹬混居。性机警，行动时常上下摆动尾部。以昆虫、甲壳类、软体动物等为食。繁殖于欧亚大陆北部，越冬于非洲、亚洲南部、亚洲东南部及大洋洲。在我国，分布于各地。河北各地有分布。

识别要点

具明显的白色长眉纹和黑褐色贯眼纹；体背部的白色斑点较大而密；飞行时翼下白色，脚明显伸出尾后。

相似种

1.白腰草鹬：眉纹较淡且不超过眼上方；上体色较暗，具白色小点；脚灰绿色，飞行时仅趾伸出尾部；翼下黑褐色。**2.矶鹬**：体型稍小；背部无明显斑点，翼前具白色的凸起斑；飞行时明显可见白色翼带。

鸻形目
CHARADRIIFORMES 287

幼鸟 / 李新维 摄

夏羽 / 孟德荣 摄

翘嘴鹬
Xenus cinereus

Terek Sandpiper
鹬科 Scolopacidae　翘嘴鹬属 *Xenus*
旅鸟　常见

形态特征

体长22～25cm。虹膜暗褐色。嘴黑色，基部黄色或橙黄色，长而明显上翘。脚较短，橙黄色。**夏羽**：头、颈至上胸淡灰褐色，具暗褐色细纵纹。眉纹灰白色不明显，过眼纹暗褐色。背面灰褐色，具纤细的黑色羽干纹。肩羽具黑色粗轴斑，形成黑色粗纵带。下胸以下白色。飞行时次级飞羽后缘白色，翼下白色，具灰褐色斑，腰和尾非白色。**冬羽**：白色眉纹较明显。背面偏灰色，具细的暗色羽干纹。肩羽黑色纵带不明显。下体白色。颈、上胸纵纹不明显。**幼鸟**：似成鸟冬羽，但背面羽缘淡色，肩羽黑色纵带不明显，翼上覆羽具鲜黄色的边缘和暗色次端斑。颊至上胸具灰褐色纵纹。

生态与分布

单独或成小群出现于沿海泥滩、河口、沙洲、沼泽地带，偶成大群，常与其他鸻鹬混群。觅食时行走迅速，以长嘴在沙地、软泥探食甲壳类、螺贝、蠕虫及昆虫。繁殖于欧亚大陆北部，越冬于非洲、中东及亚洲南部、东南部至大洋洲。在我国，见于各地。河北辽河源、平山及秦皇岛、唐山、沧州沿海湿地有分布。

识别要点

嘴黑色而基部黄色或橙黄色，长而上翘；脚短而橙黄色；肩羽形成黑色粗纵带。

相似种

灰尾漂鹬：嘴直；胸和胁具波浪形横斑。

鸻形目
CHARADRIIFORMES   289

夏羽 / 孟德荣 摄

冬羽 / 孟德荣 摄

冬羽 / 孟德荣 摄

矶鹬
Actitis hypoleucos

Common Sandpiper
鹬科 Scolopacidae　矶鹬属 *Actitis*
夏候鸟 / 旅鸟　常见

形态特征

体长16～22cm。虹膜暗褐色，眼圈白色。嘴短而直，黑褐色，下嘴基部淡绿褐色。脚灰绿色或黄绿色。**夏羽**：眉纹白色，过眼纹黑褐色。上体橄榄褐色，闪铜褐色光泽，具纤细的黑色羽干纹。背、肩、翼覆羽和三级飞羽具淡棕白色羽缘和黑褐色亚端斑。胸灰褐色，颊至胸具黑褐色细纵纹，下缘暗色平齐。腹面白色，翼前缘与胸侧间白色内凹明显。停栖时翅长不及尾端。飞行时白色翼带醒目，尾羽非白色。**冬羽**：似夏羽，但上体较淡。背面及胸部斑纹不明显。**幼鸟**：似成鸟冬羽，但背面具白色细羽缘。

生态与分布

常单独或结小群栖息于河岸、湖泊、水库、池塘、水田、盐田及沿海滩涂、沙洲。行走时不停点动头部，上下摆动尾羽，具两翼平直滑翔的特殊姿势。以昆虫、甲壳类、蠕虫、小鱼和水藻为食。繁殖于欧亚大陆，越冬于非洲及亚洲南部、东南部和大洋洲。在我国，见于各地。河北各地有分布，在张家口、承德地区为夏候鸟，其他地区为旅鸟。

识别要点

上体橄榄褐色，具纤细的黑色羽干纹；翼角前具特征性的白色斑块，飞行时可见白色翼带，腰无白色。

相似种

1. 白腰草鹬：体型较大；眉纹较淡且不超过眼上方；上体色较暗，具白色小点；翼前缘与胸侧间无白色内凹；飞行时尾上覆羽至尾羽白色，无白色翼带。**2. 林鹬**：体更高挑；背部的白色斑点大且多；飞行时腰白色，无白色翼带，脚伸出尾部明显。

梁长友 摄

夏羽／孟德荣 摄

灰尾漂鹬

Heteroscelus brevipes

Grey-tailed Tattler
鹬科 Scolopacidae　漂鹬属 *Heteroscelus*
旅鸟　较常见

夏羽 / 孟德荣 摄

形态特征

体长25～28cm。虹膜暗褐色，眼圈白色。嘴粗直，黑褐色至蓝灰色，基部黄褐色，鼻沟前端达嘴长1/2处。脚略短，黄色。**夏羽**：眉纹白色，贯眼纹黑褐色。颏近白色。上体灰褐色，新羽时具灰白色羽缘。耳羽、颊至颈具灰褐色纵纹。下体白色，胸、胁具暗色波形横纹。飞行时翼下覆羽和腋羽灰黑色，具细的白色羽端。停栖时翼尖与尾羽等长。**冬羽**：似夏羽，但胸部和两胁无波形横纹而呈灰褐色。**幼鸟**：似成鸟冬羽，但胸部和两胁污白色而微缀横斑。肩、翼覆羽及尾羽侧缘具细白斑。

生态与分布

常单独或小群活动于沿海滩涂、河口、盐田、沼泽、山地溪流和稻田。以甲壳类、软体动物、昆虫、小鱼等为食，繁殖于西伯利亚，冬季南迁至南洋群岛及澳大利亚、新西兰。在我国，东部沿海的大部分地区常见。河北秦皇岛、唐山、沧州沿海湿地有分布。

识别要点

嘴粗直，黑褐色至蓝灰色而基部黄褐色；眉纹白色，贯眼纹黑褐色；夏羽胸、胁、腰具暗色波形横纹；冬羽胸、胁灰褐色而无横纹。

相似种

1.漂鹬：体型较大，鼻沟前端达嘴长2/3处；停栖时翼尖超出尾端较长；夏羽胸、腹、两胁和尾下覆羽均具粗著的波形横斑；冬羽胸和两胁暗灰褐色范围较大而色深。**2.翘嘴鹬**：嘴长而上翘。

鸻形目
CHARADRIIFORMES 293

夏羽 / 范怀良 摄

幼鸟 / 范怀良 摄

翻石鹬
Arenaria interpres

夏羽 / 陈建中 摄

Ruddy Turnstone
鹬科 Scolopacidae　雁属 *Arenaria*
旅鸟　常见

形态特征

体长18~25cm。虹膜暗褐色。嘴黑色，呈锥状，略向上翘。脚橙红色。**雄鸟夏羽**：头、喉、腹部白色，头顶具黑色纵纹，自额、眼、颊至下嘴基有"U"形黑斑，颈侧、胸及胸侧黑色。背、肩、翼上覆羽红褐色，具黑、白色斑。飞行时，翼上具白色翼带，背、腰和尾上覆羽白色，尾羽黑色。腹部、翼下纯白色。**雌鸟夏羽**：似雄鸟，但色彩略逊于雄鸟。头部沾淡棕褐色。背部羽色较暗。**冬羽**：头、颈及胸黑色部分和背面红褐色部分转为黑褐色。**幼鸟**：似成鸟冬羽，但背面具白色及淡褐色羽缘。

生态与分布

常结小群出现于沿海泥滩、沙滩、海岸岩石及沼泽等地带，通常不与其他鹬类混群。行走迅速。觅食时，以嘴顶翻小石或插入泥沼取食甲壳类、软体动物、蠕虫、蜘蛛和昆虫等。广布全球，繁殖于北欧至西伯利亚北部、阿拉斯加西部、加拿大东北部及格陵兰，东亚族群越冬于亚洲南部、东南部及澳大利亚、新西兰。在我国，除云南、贵州、四川外，见于各地。河北秦皇岛、唐山和沧州沿海湿地有分布。

识别要点

嘴黑色锥状；脚橙红色，较短；上体红褐色具黑色斑块；脸侧、颈、胸具黑色花斑。

相似种

大滨鹬：体型较大；嘴、脚较长，脚灰绿色；夏羽仅肩羽栗红色。

鸻形目
CHARADRIIFORMES   295

雌鸟夏羽 / 孟德荣 摄

雄鸟夏羽 / 陈建中 摄

大滨鹬
Calidris tenuirostris

换羽中 / 陈建中 摄

Great Knot
鹬科 Scolopacidae　滨鹬属 *Calidris*
旅鸟　常见

形态特征

体长26～30cm。虹膜暗褐色。嘴黑色，先端微下弯。脚灰绿色。**夏羽**：头、颈灰色，具黑色细纵纹。上体黑褐色，具黑色轴斑及白色羽缘。肩羽及翼上覆羽具栗红色和黑色杂斑。胸部密布黑色鳞状斑点，似一块浓重的黑色胸带。腹面白色。下胸侧和胁具明显的"V"形黑斑。停栖时，翅长明显超过尾长。飞行时，尾上覆羽白色，尾羽灰色。**冬羽**：上体色偏灰，而无栗红色斑块。胸部斑纹较弱。胁部斑纹稀少。**幼鸟**：似成鸟冬羽，但上体淡黑色。各羽具淡色羽缘，似鳞片状。胸部淡褐色具黑褐色斑点。

生态与分布

成群出现于河口、潮间带、沼泽、盐田等地带。觅食时，常将嘴插入泥中，不停地探取贝类、甲壳类、蠕虫等为食，亦食昆虫和草籽。繁殖于西伯利亚东北部，越冬于中南半岛、南洋群岛及大洋洲。迁徙期经过我国东部沿海，部分在广东沿海、海南岛和台湾越冬。河北秦皇岛、唐山、沧州沿海湿地有分布。

识别要点

嘴黑色，先端微下弯；脚灰绿色；夏羽胸部密布黑色鳞状斑点，似黑色胸带，下胸侧和胁具"V"形黑斑；冬羽胸部斑纹较弱，胁部斑纹稀少；飞行时腰白色，翅折合时明显长于尾。

相似种

1.红腹滨鹬：体型稍小；嘴较短；夏羽颊至胸、胁栗红色；冬羽及幼鸟体色偏灰，羽缘明显；幼鸟羽缘内侧有黑色细线。**2.翻石鹬**：嘴粗短；脚橙红色；自额、眼、颊至下嘴基具"U"形黑斑。

夏羽 / 陈建中 摄

夏羽 / 孟德荣 摄

红腹滨鹬
Calidris canutus

Red Knot
鹬科 Scolopacidae 滨鹬属 *Calidris*
旅鸟 常见

幼鸟 / 李新维 摄

形态特征

体长23~25cm。虹膜暗褐色。嘴黑色且短厚。脚短,黄绿色至灰黑色。**夏羽**:自面部、前颈、胸至上腹部及两胁鲜艳栗红色。头上至后颈微染锈红色,具黑色细纵纹。背部黑褐色,具红褐色及白色斑点。下腰至尾上覆羽灰白色,缀暗色斑纹。尾羽褐灰色。腹以下白色。胁、尾下覆羽具黑褐色斑点。停栖时翅尖基本与尾平齐。**冬羽**:眉纹白色。上体褐灰色,具纤细的黑色羽干纹及白色细羽缘。下体白色。颊、前颈至胸、胁具灰褐色纵纹。**幼鸟**:似成鸟冬羽,但肩、上背染褐色,白色羽缘内侧具黑色细纹。

生态与分布

结群栖息于潮间带滩涂、河口及盐田,喜与大滨鹬混群。常将嘴插入泥中,边走边摄取螺贝、虾蟹、昆虫等为食。繁殖于北极圈冻原带,越冬于美洲(南部)、非洲、印度次大陆及澳大利亚、新西兰。迁徙经我国东部和东南部沿海地区,少量个体在广东、台湾、香港沿海和海南岛越冬。河北秦皇岛、唐山、沧州沿海湿地及衡水湖有分布。

识别要点

嘴黑色而粗短;夏羽面部、前颈、胸至上腹部及两胁鲜艳栗红色;冬羽眉纹白色;飞行时腰具褐色横纹。

相似种

1.大滨鹬:体型稍大;翅在折合时明显超出尾端;夏羽胸腹部无任何红棕色,但具黑色胸带,下胸及体侧具"V"形黑斑。**2.弯嘴滨鹬**:黑色的嘴明显长而下弯;夏羽颈、胸、腹部为深栗棕色;飞行时,腰部为白色。

鸻形目
CHARADRIIFORMES

红腹滨鹬（左1左2）和弯嘴滨鹬（右1右2）/孟德荣 摄

幼鸟/李新维 摄

冬羽 / 陈建中 摄

三趾滨鹬
Calidris alba

Sanderling
鹬科 Scolopacidae　滨鹬属 *Calidris*
旅鸟　较常见

形态特征

体长20～21cm。虹膜暗褐色。黑色的嘴较短,先端钝。黑色的脚仅3趾,缺后趾。**夏羽**：头、颈、上胸红褐色,杂以黑色纵纹。背、肩和三级飞羽及翅上覆羽红褐色,并具黑色轴斑和白色羽缘。下胸以下白色。飞行时翼带白色,腰和尾上覆羽两侧亦为白色。**冬羽**：上体灰色,具黑褐色纤细羽干纹和白色羽缘。翼角具黑色斑。额、颊、下体白色。**幼鸟**：似成鸟冬羽,但上体多黑色和褐色斑,各羽缘淡棕色或白色。

生态与分布

成群出现于海滨潮间带滩涂、河口、沙洲、盐田。常沿潮线奔跑,捡拾海潮冲刷出来的螺类、贝类、沙蚕、甲壳类及昆虫等为食。繁殖于北极圈冻原带,越冬于非洲、亚洲(东南部)及澳大利亚、新西兰。迁徙经我国新疆、西藏、辽宁、河北、山东、福建、广东、香港、台湾和海南岛,少数留在福建、广东、台湾和海南岛越冬。河北秦皇岛、唐山、沧州沿海湿地有分布。

识别要点

黑色的嘴短而先端较钝,黑色的脚因缺后趾而仅3趾；夏羽上体具黑色和红褐色杂斑,羽缘淡色；冬羽翼角具黑色斑；飞行时可见明显的白色翼带。

相似种

红颈滨鹬：体型较小；具后趾；冬羽上体偏褐色,翼角无黑斑。

鸻形目
CHARADRIIFORMES

冬羽 / 陈建中 摄

冬羽 / 李新维 摄

夏羽 / 孟德荣 摄

西滨鹬
Calidris mauri

Western Sandpiper
鹬科 Scolopacidae　滨鹬属 *Calidris*
迷鸟　罕见

非繁殖羽 / Frank Schulenburg 摄
来源：https://commons.wikimedia.org

形态特征

体长14～17cm。虹膜褐色。嘴黑色，略长而微下弯。脚黑色，前趾间具半蹼。**夏羽**：头上、耳羽红褐色，头上具黑褐色纵纹。眉纹白色，贯眼纹暗色。上体黑褐色，各羽具淡色羽缘。肩羽栗红色，在背上连接成"V"字形图案。下体白色，颈、胸部具暗褐色纵纹。飞行时腰、尾上覆羽和尾羽黑褐色，腰两侧白色，翼下白色。**冬羽**：上体灰褐色，头顶具褐色纵纹，眉纹白色。下体白色，胸侧具少量灰色斑纹。**幼鸟**：似成鸟冬羽，但头顶灰皮黄色具淡褐色纵纹。肩羽羽缘淡红褐色。翼覆羽及飞羽羽缘淡皮黄色。胸缀淡皮黄橙色，具细狭的黑色纵纹。

生态与分布

栖息于沿海滩涂、河口、沼泽地带。常与其他滨鹬混群，于泥滩浅水间摄取软体动物、甲壳类、昆虫等为食。繁殖于西伯利亚东部及阿拉斯加，越冬于墨西哥湾及美国西部沿海，偶尔到日本和澳大利亚。在我国，偶见于台湾西部沿海。河北北戴河有记录。

识别要点

嘴、脚黑色，嘴略长而微下弯；胸部纵纹较密，栗红色的肩羽在背上连接成"V"字形图案。

相似种

黑腹滨鹬：体型较大；嘴较细长而弯，前趾间无半蹼；夏羽腹部具黑色块斑；冬羽体色较淡。

鸻形目
CHARADRIIFORMES   303

非繁殖羽 / Frank Schulenburg 摄
来源：https://commons.wikimedia.org

夏羽 / 陈建中 摄

红颈滨鹬
Calidris ruficollis

Red-necked Stint
鹬科 Scolopacidae　滨鹬属 *Calidris*
旅鸟　常见

形态特征

体长13~17cm。虹膜暗褐色。嘴、脚黑色。**夏羽**：头、喉、颈至上胸红褐色，头顶至后颈及胸具暗色纵纹。背面具黑褐色轴斑及红褐色斑，羽缘白色。腹以下白色。飞行时，腰中央黑褐色，腰两侧及翼带白色，尾羽褐色。**冬羽**：红褐色消失。眉纹白色，贯眼纹灰褐色。上体灰褐色，具黑褐色羽干纹和白色羽缘。**幼鸟**：似成鸟冬羽，但肩羽黑色，羽缘白色。胸侧灰褐色，有时连成胸带。

生态与分布

栖息于沿海滩涂、河口、水田、河流、湖泊、沼泽地带，喜结大群活动，常与其他滨鹬混群。性活泼，动作敏捷，不停地啄食，于泥滩浅水间摄取螺类、贝类、虾、蟹、沙蚕及昆虫等为食。繁殖于西伯利亚北部冻原地带，越冬于亚洲东南部至大洋洲。迁徙经我国各地，部分在华南地区越冬。河北秦皇岛、唐山、沧州沿海湿地有分布。

识别要点

体型偏小；嘴、脚黑色，嘴短而直；夏羽头至颈红褐色，胸以下白色，胸部具黑色细纵纹。

相似种

1.三趾滨鹬：体型明显肥胖；嘴较长且先端钝；无后趾；冬羽体色偏白。**2.小滨鹬**：嘴较长而微下弯；胫部较长；夏羽颏、喉白色，三级飞羽羽缘红褐色。**3.勺嘴鹬**：嘴扁平，前端匙状。**4.青脚滨鹬**：脚黄色或绿色。**5.长趾滨鹬**：脚黄绿色，趾较长。

鸻形目
CHARADRIIFORMES   305

夏羽 / 陈建中 摄

小滨鹬
Calidris minuta

Little Stint
鹬科 Scolopacidae 滨鹬属 *Calidris*
旅鸟 罕见

夏羽 / 陈建中 摄

形态特征

体长12～16cm。虹膜暗褐色。嘴黑色，略长而微下弯。脚黑色或深灰色，胫部较长。**夏羽**：白色眉纹模糊，眼先暗色。头上至后颈、侧颈至胸红褐色，密布黑褐色纵纹。颏、喉及胸以下白色。上体黑褐色，羽缘栗色。上背具乳白色"V"字形带纹。翼覆羽及三级飞羽具较宽的白色及红褐色羽缘。**冬羽**：上体灰褐色，具黑色轴斑。下体白色，胸侧具灰褐色斑。**幼鸟**：贯眼纹、耳羽、胸侧灰褐色。上体羽缘淡褐色，下体白色。

生态与分布

栖息于河流、湖泊、沼泽、水塘、稻田、盐田及海滩湿地，喜成群活动，常与其他小型涉禽混群。以小型软体动物、甲壳类、昆虫等为食，进食时快速啄食或翻拣。繁殖于欧洲北部至西伯利亚冻原带，越冬于欧洲（南部）、非洲及中东、亚洲中部和南部。我国新疆、青海、内蒙古、河北、天津、江苏、上海、浙江、香港及澳门有分布。河北北戴河、沧州黄骅港有记录。

识别要点

较似红颈滨鹬，嘴、脚黑色，但颏、喉白色，上背具乳白色"V"字形带纹。

识别要点

1.红颈滨鹬：嘴较粗短；夏羽仅颏部白色，而喉和前颈红褐色。**2.青脚滨鹬**：脚黄色或绿色。

夏羽 / 陈建中 摄

换羽中 / 梁长友 摄

青脚滨鹬
Calidris temminckii

冬羽 / 李新维 摄

Temminck's Stint
鹬科 Scolopacidae　滨鹬属 *Calidris*
旅鸟　常见

形态特征

体长12～17cm。虹膜暗褐色，眼圈白色。嘴黑色，下嘴基黄褐色或黄绿色。脚黄色或绿色。**夏羽**：上体灰褐色，头上至后颈具黑褐色纵纹，背面有黑褐色轴斑及黄褐色羽缘。颊至上胸灰褐色，具黑褐色纵斑，胸以下白色。飞行时翼带及外侧尾羽白色。**冬羽**：上体、颊至上胸为一致的灰褐色。背有黑色细羽干纹。腹以下白色。**幼鸟**：似成鸟冬羽，但背部具淡色羽缘。

生态与分布

单独或成小群活动于河流、湖泊、沼泽、水塘、稻田、盐田、海滩及草地。以昆虫、甲壳类和蠕虫等为食。广布于欧洲、亚洲及非洲，繁殖于欧洲北部至西伯利亚北部苔原带，越冬于非洲、亚洲（南部）及中国南部和中南半岛、南洋群岛。在我国，见于各地区。河北各地都有分布。

识别要点

体型偏小；脚黄色或绿色；具不明显暗色纵斑的灰褐色胸部与白色腹部界限分明，两胁白色无斑纹。

相似种

1.红颈滨鹬：脚黑色；夏羽头、颈红褐色。**2.长趾滨鹬**：胫、脚均较长；夏羽上体黑褐色，冬羽褐色较浓。**3.小滨鹬**：嘴全黑色；脚黑色或深灰色。

鸻形目
CHARADRIIFORMES   309

李新维 摄

幼鸟 / 李新维 摄

长趾滨鹬
Calidris subminuta

夏羽 / 李新维 摄

Long-toed Stint
鹬科 Scolopacidae　滨鹬属 *Calidris*
旅鸟　常见

形态特征

体长13～15cm。虹膜暗褐色。嘴黑色且微下弯，下嘴基部略有黄色或褐色。脚黄绿色，趾较长。**夏羽**：额、顶至枕棕色具黑褐色纵纹。眉纹白色明显。上体黑褐色，羽缘棕色和白色。颏、喉白色。颊、颈、胸淡褐色，具暗色纵斑纹。下胸以下白色。飞行时肩羽与背部交界处形成白色"V"字形斑，翼带白色不明显，下背、腰、尾上覆羽及中央尾羽黑褐色，腰两侧白色，外侧尾羽灰色。翅折合时长于尾。**冬羽**：头、颈、胸、背部灰褐色，均具黑褐色羽轴斑。下体白色。**幼鸟**：似成鸟夏羽，但无明显棕色。上体以灰色和黑褐色为主，羽缘具少量淡棕色。颈、胸部纵纹较淡。

生态与分布

栖息于河滩、湖边、沼泽、水田、水塘、盐田及沿海滩涂，喜集小群活动，或与其他滨鹬混群，站姿较其他滨鹬挺直。以甲壳类、软体动物、昆虫及植物种子和碎片为食。繁殖于西伯利亚，越冬于印度及亚洲东南部至大洋洲，迁徙期经我国各地区，少量个体在我国长江以南越冬。河北秦皇岛、唐山、沧州沿海湿地、邢台市郊区及森林公园、衡水湖、新安、闪电河自然保护区有分布。

识别要点

较似小型化的尖尾滨鹬；头顶红棕色，但胸部纵纹较细长，不呈"V"字形；两胁无明显纵纹；背部具白色"V"字形斑。

相 似 种

1. 青脚滨鹬：夏羽背无白色带斑，仅羽缘黄褐色；冬羽体色较灰，羽干纹较细，胸部斑纹不明显。**2. 红颈滨鹬**：脚黑色，趾较短；夏羽头颈和上胸红褐色。**3. 尖尾滨鹬**：下胸和两肋具"V"字形暗褐色斑纹。

夏羽 / 李新维 摄

夏羽 / 崔建军 摄

斑胸滨鹬
Calidris melanotos

夏羽 / 陈建中 摄

Pectoral Sandpiper
鹬科 Scolopacidae　滨鹬属 *Calidris*
旅鸟　罕见

形态特征

体长19～24cm。虹膜暗褐色。嘴黑褐色，嘴基淡黄褐色。脚长，黄色至黄绿色。**夏羽**：头上黄褐色，具黑褐色细纵纹。眉纹略显白色，眼先黑褐色，耳区褐色。背面黑褐色，具红褐色及白色羽缘。颊至胸淡褐色，密布黑褐色细纵纹。腹以下白色，胸、腹界限分明，胁具少量暗纹。飞行时腰、尾上覆羽和尾羽黑褐色，腰两边白色，外侧尾羽灰褐色，翼下白色沾灰色。雄鸟颈和胸部偏黑色，密缀白点；雌鸟偏褐色。**冬羽**：似夏羽，但羽色较淡。背面灰褐色。眉纹不明显。**幼鸟**：似夏羽，但头顶和上体更多栗色、白色和皮黄色羽缘。白色眉纹明显。肩背部白色羽缘形成"V"字形斑纹。

生态与分布

栖息于河口沙洲、海滩、水田、沼泽、湖泊岸边及草地。以软体动物、甲壳类、昆虫及植物种子为食。繁殖于西伯利亚东北部及北美洲北部苔原带，越冬于南美洲南部及澳大利亚、新西兰。在我国，见于河北、天津、上海、香港、澳门、台湾。河北秦皇岛山海关石河入海口、北戴河有记录，也见于沧州南大港湿地。

识别要点

胸部淡褐色，密布黑褐色细纵纹，与白色腹部界限分明。

相似种

尖尾滨鹬：嘴较短，嘴基淡色范围小；胸部斑纹和白色腹部之间分界不明显，胸部点斑及"V"字形斑纹延伸至两胁。

鸻形目
CHARADRIIFORMES 313

夏羽 / 陈建中 摄

夏羽 / 田穗兴 摄

尖尾滨鹬
Calidris acuminata

Sharp-tailed Sandpiper

鹬科 Scolopacidae 滨鹬属 *Calidris*
旅鸟 常见

换羽中 / 李新维 摄

形态特征

体长17~23cm。虹膜暗褐色，眼圈白色。嘴黑色，基部黄绿色。脚黄色至黄绿色。**夏羽**：头顶赤褐色，密布黑褐色纵纹。眉纹白色。上体黑褐色，具棕红色、浅棕白色及白色羽缘。中央尾羽黑色，外侧尾羽灰褐色，各羽梢形尖，楔尾。颊至胸淡红褐色，有黑褐色斑纹。下胸和两胁具"V"字形暗褐色斑纹。腹以下白色。**冬羽**：似夏羽，但嘴基黑色。全身羽色较淡，偏灰褐色。颊至胸、胁纵斑较稀疏。**幼鸟**：似成鸟夏羽，但头顶亮棕色。眉纹乳黄白色，眼先和耳羽暗红色。上体黑褐色且具栗色、白色和皮黄色羽缘，胸淡褐色，具黑褐色细纵纹。脚色较成鸟鲜黄。

生态与分布

常栖息于沿海滩涂、盐田及沼泽、湖泊和稻田等浅水地带，常与其他鹬类混群。摄取贝类、虾、蟹、昆虫及藻类、植物种子等为食。繁殖于西伯利亚东北部苔原带，冬季迁徙至马来半岛及印度尼西亚、新几内亚、澳大利亚、新西兰。迁徙期间经过我国东部，往南至广东、福建、香港、台湾和海南岛，部分在海南岛和台湾越冬。河北各地可见。

识别要点

嘴黑色而基部黄绿色；脚黄色至黄绿色；头顶赤褐色，下胸至两胁具"V"字形褐色斑。

相似种

1.长趾滨鹬:体型明显偏小;站姿较直;颈、胸部具黑褐色纵纹,而非"V"字形暗斑;体侧无斑纹。**2.斑胸滨鹬**:胸部的黑褐色细纵纹密集,与白色腹部分界分明;胁无"V"字形色斑。

夏羽 / 孟德荣 摄

换羽中 / 赵俊清 摄

夏羽 / 陈建中 摄

弯嘴滨鹬
Calidris ferruginea

Curlew Sandpiper
鹬科 Scolopacidae　滨鹬属 *Calidris*
旅鸟　常见

形态特征

体长19～23cm。虹膜暗褐色。黑色的嘴长而下弯。脚黑色。**夏羽**：嘴基羽毛多具白色。头、颈、背、胸及腹部深棕栗色，头上至后颈具黑色细纵纹，背部具黑、白色斑点。大覆羽和内侧初级覆羽羽端白色，形成白色翼带，飞羽黑色。下腰和尾上覆羽白色。尾灰褐色，中央尾羽色暗。喉至上腹及两胁具白色细羽缘。下腹至尾下覆羽白色，具黑色斑点。**冬羽**：棕栗色消失，上体灰褐色且具暗色羽干纹。翅覆羽灰色，羽缘白色。眉纹白色，长而明显。下体白色，颊至胸侧沾淡灰褐色，具稀疏的灰褐色纵纹。**幼鸟**：似成鸟冬羽，但头至上体灰色。翅黑色，均具明显的淡色羽缘。眉纹皮黄色。前颈、胸具淡棕色。

生态与分布

栖于沿海滩涂及沼泽、稻田和鱼塘，常与其他滨鹬类混群。于泥滩探寻、翻找食物，摄取贝类、昆虫、虾、蟹、沙蚕等为食。繁殖于西伯利亚北部苔原带，越冬于中东和非洲、大洋洲、亚洲（东南部）及印度。在我国，除云南、贵州外，见于各地。河北各地有分布。

识别要点

嘴黑色，长而平滑下弯；脚黑色；夏羽头、颈、胸及腹部深棕栗色；冬羽眉纹白色；飞行时腰部白色。

相似种

1.**红腹滨鹬**：体型明显肥胖，嘴较短；夏羽颈至腹栗红色；冬羽体色偏灰。
2.**黑腹滨鹬**：体型稍小；嘴、脚较短，嘴弯曲度较小；腰非白色。

鸻形目
CHARADRIIFORMES

317

幼鸟 / 陈建中 摄

夏羽 / 陈建中 摄

岩滨鹬
Calidris ptilocnemis

Rock Sandpiper
鹬科 Scolopacidae　滨鹬属 *Calidris*
迷鸟　罕见

夏羽 / Alan D. Wilson 摄
来源：https://commons.wikimedia.org

形态特征

体长20～23cm。雌雄同色。虹膜暗褐色。嘴黑色，基部黄绿色。脚黄色或绿黄色。**夏羽**：头顶、后颈、上体黑褐色，羽缘沾栗红色。翼上覆羽灰褐色，羽缘白色。翼面上具较宽的白色翼带。腰、尾上覆羽黑色，两侧白色。尾羽黑褐色。额、眉纹白色，贯眼纹暗褐色。颏白色。上胸沾浅黄色，具褐色纵纹；下胸和上腹的黑褐色斑点常融合为大的黑色斑块。腹及两胁白色，或具黑褐色纵纹。**冬羽**：头灰色，具短的白色眉纹。上体深灰色，栗色消失。翼上覆羽具白色羽缘。胸灰色，腹以下白色。胸及两胁具密的黑色斑点。**幼鸟**：上体黑褐色且具栗色和皮黄色羽缘。翼上覆羽灰褐色，羽缘皮黄色。胸皮黄色且具灰褐色纵纹。

生态与分布

喜栖息于海岛和岩石海岸地带。以甲壳类和软体动物为食。繁殖于西伯利亚东北部、库页岛、阿拉斯加、白令海及加拿大西部，越冬于加利福尼亚及日本。河北北戴河1985年有记录。

识别要点

嘴黑色而基部黄绿色；脚黄色或绿黄色；夏羽下胸和上腹的黑褐色斑点常融合为大的黑色斑；冬羽胸及两胁具密的黑色斑点；飞行时可见明显的白色翼带。

相似种

黑腹滨鹬：嘴、脚黑色。

鸻形目
CHARADRIIFORMES　319

夏羽 / Alan D. Wilson 摄
来源：https://commons.wikimedia.org

换羽中 / 陈建中 摄

黑腹滨鹬
Calidris alpina

Dunlin

鹬科 Scolopacidae　滨鹬属 *Calidris*
旅鸟 / 冬候鸟　常见

形态特征

体长16～22cm。虹膜暗褐色。嘴黑色而略长，前半部下弯。脚黑色。**夏羽**：头顶栗褐色，具暗褐色条纹。肩、上背黑褐色，羽缘栗红色。翼上覆羽灰褐色，羽缘灰色或白色，飞行时白色翼带明显。腰、尾上覆羽黑褐色，两边白色。中央尾羽黑褐色，外侧尾羽灰白色。眉纹白色。颊、颔、颈至胸白色，有黑褐色细纵纹。腹部有大片黑色斑块，下腹以下白色。**冬羽**：上体灰褐色，各羽具狭窄的白色羽缘和暗色羽干纹。胸部略污，胸侧有灰褐色细纵纹。腹部白色。**幼鸟**：似成鸟冬羽，但背面羽缘黄褐色。颊至胸略带黄褐色，胸有黑色粗纵斑。两胁和腹部中央具黑褐色斑点。

生态与分布

栖息于沿海滩涂、盐田、河口沙洲、湖泊、沼泽、水田及河流岸边浅水区域。非繁殖期常集大群，并常与环颈鸻混群。觅食时以嘴插入泥中以触觉啄食，动作急促，步行快速，受惊吓时快速起飞，飞行时在空中转向动作一致。以软体动物、甲壳类、昆虫和沙蚕等为食。繁殖于北美洲及欧亚大陆北部苔原带，越冬于北美洲（中南部）、非洲、中东及地中海沿岸、中国东南部，南至新加坡和印度尼西亚，迁徙时经中国大部分地区。在河北主要为旅鸟，见于秦皇岛、唐山、沧州沿海湿地及衡水湖，唐山和沧州沿海湿地有上千只的越冬种群。

识别要点

嘴黑色，端部略下弯；脚黑色；夏羽腹部有大片黑色斑块；冬羽体背灰褐色，各羽具狭窄的白色羽缘和暗色羽干纹。

鸻形目 CHARADRIIFORMES

相似种

1.弯嘴滨鹬：体型稍大；嘴较长，下弯更明显；脚也较长；飞行时尾上覆羽白色。**2.阔嘴鹬**：嘴较宽，仅先端下弯；脚绿褐色；具白色侧冠纹。**3.西滨鹬**：前趾间具半蹼；夏羽腹部无黑斑。

换羽中 / 孟德荣 摄

冬羽 / 李新维 摄

雌鸟夏羽 / 李新维 摄

换羽中 / 李新维 摄

勺嘴鹬

Eurynorhynchus pygmeus

Spoon-billed Sandpiper
鹬科 Scolopacidae　勺嘴鹬属 *Eurynorhynchus*
旅鸟　罕见

换羽中 / 梁长友 摄

形态特征

体长14～17cm。虹膜暗褐色。嘴黑色，扁平，前端呈匙状。脚黑色。**夏羽**：头、颈、上胸棕栗色，杂以暗褐色斑纹，胸以下白色。上体黑褐色，各羽缘淡栗色或黄色。**冬羽**：身体栗色消失，额和眉纹白色。上体灰色，羽干纹暗褐色，各羽缘白色。颈侧和上胸侧具褐灰色纵纹。**幼鸟**：似冬羽，但上体偏黑褐色。背面黑色轴斑及淡色羽缘明显。眉纹乳白色。颊及胸侧缀皮黄色，具褐色细纵纹。

生态与分布

单独出现于河口、沙洲地带，常混于红颈滨鹬群中，不易被发现。觅食时匙状嘴几乎垂直向下，在泥滩左右扫动，摄取蠕虫为食。繁殖于俄罗斯东北海岸，越冬于亚洲南部、中南半岛。在我国，东部及东南沿海有分布。河北唐海、秦皇岛北戴河可见。

识别要点

较似红颈滨鹬，嘴、脚黑色，但嘴扁平勺状，在泥滩觅食时左右横扫。

相似种

红颈滨鹬：嘴非扁平匙状，觅食时嘴不在水中左右来回横扫。

保护级别

河北省重点保护野生动物。

鸻形目
CHARADRIIFORMES
323

夏羽 / 汤正华 摄

冬羽 / 张明 摄

夏羽 / 李新维 摄

阔嘴鹬
Limicola falcinellus

Broad-billed Sandpiper
鹬科 Scolopacidae　阔嘴鹬属 *Limicola*
旅鸟　常见

形态特征

体长16～18cm。虹膜暗褐色。嘴黑色，略宽长，先端略拱起再下弯。脚绿褐色。**夏羽**：头上红褐色，头侧白色线条在眼先与宽眉纹汇合，形成白色双眉纹，形如西瓜皮纹。上体红褐色，具黑褐色轴斑及白色羽缘。颊红褐色，胸淡褐色，具暗色纵斑。腹以下白色，胁褐色斑纹不明显。飞行时背部白色羽缘呈"V"字形，腰及尾的中央部位黑色而两侧白色，翼下覆羽白色。**冬羽**：白色双眉纹较不明显，颊至胸具褐色纵斑。上体灰褐色，羽缘白色。**幼鸟**：似成鸟夏羽，但头及上体羽缘淡红褐色。

生态与分布

栖息于沼泽、水田、沿海滩涂、盐田、河口地带，常混于滨鹬群中。觅食时嘴垂直向下探入泥水中，以软体动物、甲壳类、蠕虫、昆虫及杂草种子为食。繁殖于欧亚大陆北部，越冬于地中海、红海、中南半岛及印度至澳大利亚。迁徙期经我国新疆、青海、内蒙古、黑龙江、吉林及东部沿海，部分在台湾和海南岛越冬。河北秦皇岛、唐山、沧州沿海湿地及衡水湖有分布。

识别要点

嘴黑色，略宽长而先端略拱起再下弯；脚短，绿褐色；具白色双眉纹。

相似种

黑腹滨鹬：体型较大；嘴下弯较平顺；夏羽腹部具黑斑；冬羽不具双眉纹。

鸻形目
CHARADRIIFORMES

325

夏羽 / 李新维 摄

流苏鹬
Philomachus pugnax

Ruff

鹬科 Scolopacidae　流苏鹬属 *Philomachus*
旅鸟　偶见

雌鸟 / 陈建中 摄

形态特征

雌雄异形,雄鸟体长26～32cm,雌鸟体长20~25cm。虹膜暗褐色。嘴短直,多黑褐色,有时基部褐色或红褐色,夏羽雄鸟嘴常为粉红色、橙色或黄色;冬季灰色。脚较长,3趾,脚色多变,粉红色、橙色、黄色、黄褐色或绿色。**雄鸟夏羽**:羽色多变。面部多裸露,具小的疣和纤羽。后头及颈、胸有流苏状蓬松长饰羽,有黑色、白色、棕黄色、红褐色、紫蓝色等各种颜色或斑纹。背部亦有不同颜色轴斑、横斑及羽缘。胸以下白色,胸侧有黑色或褐色粗斑。飞行时翼带及尾羽基部外侧白色,翼下覆羽和腋羽白色,趾伸出尾端。**雌鸟夏羽**:体型较小,面部不裸露。头和颈无长饰羽,头上至后颈淡褐色,有黑色细纵纹。背面灰褐色,有黑褐色轴斑及黄褐色或白色羽缘。颊至胸、胁淡褐色,有黑色横斑。腹以下白色。**冬羽**:雌雄同色,似雌鸟夏羽,但羽色较淡,胸、胁斑纹不明显。**幼鸟**:似成鸟冬羽,但头、颈、胸和上腹缀有较多的皮黄色。背面黑色具淡黄褐色或白色羽缘。翅上覆羽黑褐色且具皮黄色羽缘。腹以下白色。

生态与分布

单独或小群出现于沼泽、湖畔、水田、河口、近水耕地及草地,偶尔出现于海滩。以软体动物、甲壳类、蠕虫、昆虫及水草、杂草种子为食。繁殖于欧亚大陆北部苔原带,冬季迁移至地中海国家及非洲、亚洲南部,少量个体远至澳大利亚。迁徙时偶见于我国各地,部分在广东、福建、香港、台湾越冬。河北北戴河、南大港、衡水湖有记录。

识别要点

嘴短直;腿长、头小、颈长;雄鸟有多种体色变化;雌鸟甚小于雄鸟。

鸻形目
CHARADRIIFORMES

相似种

尖尾滨鹬：体型较小；脚短，飞行时脚不伸出尾端；头上赤褐色。

雄鸟 / 陈建中 摄

雄鸟 / 陈建中 摄

雄鸟（中）和雌鸟（上、下）夏羽 / 陈建中 摄

雄鸟夏羽 / 陈建中 摄

夏羽 / 陈建中 摄

红颈瓣蹼鹬
Phalaropus lobatus

Red-necked Phalarope
鹬科 Scolopacidae　瓣蹼鹬属 *Phalaropus*
旅鸟　较常见

形态特征

体长18～21cm。虹膜褐色。嘴黑色而尖细,与头长相当。脚蓝灰色或黑色沾黄色,趾具波状瓣蹼。**雌鸟夏羽**:头和后颈暗灰色,颏、喉、颊白色,眼上方具白斑,眼后黑色。背面黑褐色,多黄褐色羽缘,肩和上背具4条金黄色纵斑纹。颈侧至上胸栗红色,胸以下白色,胸、胁暗灰色。飞行时腰和尾黑褐色,腰两侧白色,白色翼带明显。**雄鸟夏羽**:似雌鸟,羽色较淡。眼上白斑较雌鸟的大,常形成短的白色眉纹。上体黑褐色,羽缘淡黄色或棕白色。颈侧至上胸色带锈褐色。**冬羽**:头部多白色,眼周、眼后及顶、枕部黑色,后颈至上体暗灰色。肩背部具白色羽缘。胸侧和两胁染灰褐色。**幼鸟**:似成鸟冬羽,但上体暗褐色。肩和上背具橙皮黄色纵带。前颈和上胸微缀粉红皮黄色,上胸两侧暗褐色。

生态与分布

栖息于海湾、河口、盐田、沼泽、湖泊、鱼塘、水田、河流等水面,迁徙时常集大群。不畏人,觅食时常于水面旋转,惊起水下小生物后食之,主食昆虫、甲壳类和软体动物等。繁殖于欧亚大陆及北美洲苔原带,越冬于非洲、大洋洲及南美洲西部、亚洲南部和东南部。迁徙时经我国大部,部分在广东及海南岛、台湾沿海越冬。河北北戴河、曹妃甸、黄骅港、海兴有记录。

识别要点

嘴黑色而尖细,脚蓝灰色或黑色沾黄色,趾具波状瓣蹼;夏羽眼上方具白斑,眼后黑色,颈侧至上胸锈褐色,背具4条金黄色纵斑纹;冬羽眼周、眼后及枕部黑色。

相似种

灰瓣蹼鹬：体型略大；嘴略粗短，基部黄色；夏羽眼周白色，下体赤褐色；冬羽上体羽色较淡。

换羽中 / 范怀良 摄

夏羽 / 陈建中 摄

换羽中 / 范怀良 摄

灰瓣蹼鹬
Phalaropus fulicarius

Red Phalarope

鹬科 Scolopacidae　瓣蹼鹬属 *Phalaropus*
旅鸟　罕见

形态特征

体长20～24cm。虹膜暗褐色。嘴较粗短，黄色，先端黑色（夏羽）；或黑色，嘴基黄色（冬羽）。脚灰色、灰褐色或黄褐色（夏羽），趾具黄色瓣蹼。**雌鸟夏羽**：额、头上至后颈黑色，头侧和嘴周围白色向后延伸。上体黑褐色，具黄褐色或淡黄色羽缘。喉、颈、胸至尾下覆羽栗红色。飞行时腰、尾灰色，翅上具白色带斑，翼下覆羽和腋羽白色。**雄鸟夏羽**：羽色较淡，嘴黑色部分较多。头上至后颈黄褐色，具黑褐色纵纹。腹部常有白色。**冬羽**：头和下体白色，自眼前缘向后至耳区有一黑色带斑。后头具灰黑色斑。上体淡灰色，具细狭的白色羽缘，胸侧和两胁缀灰色。**幼鸟**：似成年冬羽，但头顶、后颈、背、肩及翼上覆羽黑褐色，具宽阔的皮黄褐色羽缘和端缘。头侧、颈侧和下体白色。自眼前至眼后具黑色带斑。颊、颈侧至上胸沾粉皮黄色。

生态与分布

迁徙季节成群出现于海洋、港湾、沼泽等水面。不畏人，善漂游，飞行能力极强。觅食时常于水面旋转，惊起水下小生物后食之，主食水生昆虫、甲壳类、软体动物和鱼卵等。繁殖于欧亚大陆及北美洲北部苔原带，主要越冬于非洲西部及智利海域。迁徙时经我国黑龙江、河北、天津、北京、山西、新疆、上海、浙江、香港、台湾。河北秦皇岛北戴河、山海关2010年8月和2014年10月有记录。

识别要点

似红颈瓣蹼鹬，但嘴较短且宽厚，嘴基呈黄色；羽色较淡，飞行时背部灰色与暗色的翼部对比明显。

相似种

红颈瓣蹼鹬：体型略小；嘴较长而尖细；夏羽仅眼上具白斑，腹面白色；冬羽背面羽色较浓。

换羽中 / 张明 摄

换羽中 / 范怀良 摄

黑尾鸥
Larus crassirostris

幼鸟 / 李新维 摄

Black-tailed Gull
鸥科 Laridae　鸥属 *Larus*
冬候鸟 / 旅鸟　常见

形态特征

体长43～51cm。虹膜淡黄色，眼睑红色。嘴黄色，先端红色，具黑色次端斑。脚黄绿色。**夏羽**：头、颈、胸以下白色。背、腰、肩及翼覆羽暗灰色，外侧初级飞羽黑色，次级飞羽和长肩羽端白色。尾上覆羽、尾羽白色，尾部具宽阔的黑色次端斑。停栖时翼超出尾羽甚长。**冬羽**：似夏羽，但头顶、眼周至后颈及颈侧有灰褐色斑。**幼鸟**：虹膜深褐色。嘴粉红色，嘴端黑色。脚肉色或粉红色。体羽褐色，具淡色羽缘。尾羽黑褐色，羽色随成长而变化。

生态与分布

主要栖息于沿海滩涂和近海岛屿以及临近的盐田、湖泊、河流和沼泽地带，常结群活动。以小鱼、软体动物、甲壳类、昆虫为食。分布于俄罗斯东南部、朝鲜半岛及日本、中国。在我国，除新疆、西藏、青海、陕西、河南之外，各地区可见。河北秦皇岛、唐山、沧州沿海地区及衡水湖有分布，夏季也可见成群的非繁殖个体。

识别要点

嘴黄色，先端红色，具黑色次端斑；脚黄绿色；背部暗灰色，尾羽白色具宽阔的黑色次端斑。

相似种

1.普通海鸥：嘴较细短，无红色斑点；初级飞羽末端黑色，有白色斑点；尾上覆羽及尾羽全白。**2.渔鸥**：体大；尾羽白色而无黑色次端斑，翅尖具明显白斑。
3.灰背鸥：体型较大；下嘴先端具红斑而无黑色；尾羽白色而无黑色次端斑。

鸻形目
CHARADRIIFORMES

333

冬羽 / 李新维 摄

成鸟冬羽 / 陈建中 摄

普通海鸥
Larus canus

Mew Gull

鸥科 Laridae　鸥属 *Larus*

冬候鸟 / 旅鸟　常见

形态特征

体长44~52cm。虹膜淡黄色。嘴细短，淡绿黄色。脚绿黄色。**夏羽**：头、颈和下体白色。背、肩及翼覆羽石板灰色。腰、尾上覆羽及尾羽白色。飞行时，初级飞羽末端黑色，第一、二枚初级飞羽具较大的白色次端斑。**冬羽**：似夏羽，但头、枕和后颈具淡褐色细斑。有时嘴具暗色次端斑。**幼鸟**：虹膜褐色。嘴粉红色或淡褐色，具黑色次端斑。脚肉红色。体羽大致白色而具褐色斑纹，初级飞羽褐色，尾上覆羽白色而具褐色横斑，尾灰褐色但基部白色。亚成体尾羽白色而具黑色次端斑。

生态与分布

喜活动于海岸、河口、港湾、湖泊和水库等地带，常结群活动。以鱼类、甲壳类、软体动物、昆虫等为食。广布于欧洲、亚洲、北美洲（西部）及阿拉斯加。在我国，除宁夏、西藏外，见于各地。河北秦皇岛、唐山、沧州沿海地区及衡水湖、平山有分布。

识别要点

头圆小；嘴细短，淡绿黄色；脚绿黄色；冬羽或具暗色次端斑；幼鸟嘴淡粉红色或淡褐色而嘴端黑色。

相似种

1.黑尾鸥：嘴黄色，先端红色，次端斑黑色；尾具明显的宽、黑色次端斑；外侧初级飞羽黑色，翅端无白斑。**2.三趾鸥**：脚黑色，缺后趾；冬羽后头及后颈灰黑色，眼后具黑色斑。

鸻形目
CHARADRIIFORMES   335

成鸟冬羽 / 陈建中 摄

亚成鸟冬羽 / 陈建中 摄

成鸟冬羽 / 张明 摄

北极鸥
Larus hyperboreus

Glaucous Gull
鸥科 Laridae　鸥属 *Larus*
旅鸟　罕见

形态特征

体长64～80cm。虹膜淡黄色，眼圈黄色。嘴粗长，黄色，下缘先端具红斑。脚粉红色。**夏羽**：头、颈、腰、尾上覆羽、尾羽及下体纯白色，背、肩及翼覆羽灰白色，飞羽具宽阔的白色尖端。**冬羽**：似夏羽，但头、颈具淡橙褐色纵纹，有时扩展至上胸。**幼鸟**：虹膜褐色。嘴粉红色，先端黑色。上体淡褐色，头具褐色羽轴纹，上体和翅缀有赭褐色横斑。尾羽灰褐色且具白斑。初级飞羽淡灰色，端部较暗，羽轴皮黄色，有时具不明显的褐色次端斑。喉白色，其余下体淡灰褐色，微具斑纹。

生态与分布

繁殖于北极苔原、海岸和岛屿，喜沿海岸线群栖，迁徙期偶尔进入内陆河流。食物以鱼类、甲壳类和软体动物为主，也取食动物腐肉、鸟卵和雏鸟，繁殖期偶尔捕食鼠类。主要繁殖于北极圈内的欧亚大陆及北美洲，越冬于繁殖区以南沿海地区。迁徙时见于我国东北地区及河北、山东、江苏、广东和台湾沿海。河北北戴河有记录。

识别要点

嘴粗长，黄色而下嘴先端具红斑；各级飞羽淡灰色且具白色端斑；幼鸟淡咖啡色，背部缀以深色斑纹。

鸻形目
CHARADRIIFORMES

成鸟冬羽 / 张明 摄

冬羽 / 陈建中 摄

冬羽 / 孟德荣 摄

蒙古银鸥
Larus mongolicus

Mongolian Gull
鸥科 Laridae 鸥属 *Larus*
旅鸟 / 冬候鸟 常见

形态特征

体长55~68cm。虹膜浅黄色至深色。嘴黄色，下嘴先端具红斑，多数个体上、下嘴先端内缘有细黑斑。脚粉红色至橙黄色。**夏羽**：头至颈、胸以下白色。背、肩及翼覆羽淡灰色。腰、尾上覆羽和尾羽白色。**冬羽**：头及颈白色，后颈具稀疏的褐色纵纹。三级飞羽及肩羽具白色的宽月形斑，翼合拢时常可见3个大小相同的白色羽尖。

生态与分布

常成对或成小群活动于河流、湖泊、鱼塘、盐田、海岸、河口、潮间带滩涂等地带。杂食性，主要食物为鱼、蟹、腐肉、动物内脏等，会掠夺其他海鸟食物。繁殖于中亚及俄罗斯东南部、蒙古至我国东北地区，冬季在中国和中印半岛越冬，或可达印度。我国全境有分布。河北多地有分布，在内陆湿地为旅鸟，东部沿海为冬候鸟。

识别要点

嘴黄色且下嘴先端具红斑，或具黑色细亚端斑；脚粉红色至橙黄色；后颈具稀疏的褐色纵纹；翼合拢时常见3个大小相同的白色羽尖。

相似种

1.灰背鸥：嘴明显粗壮；体背灰黑色，与初级飞羽的黑色相近，几无对比。
2.西伯利亚银鸥：头、颈部具明显的灰褐色纵纹；背部深灰色。**3.小黑背银鸥**：背部羽色较深；头、颈部具明显纵纹；脚黄色。

鸻形目
CHARADRIIFORMES

冬羽 / 孟德荣 摄

孟德荣 摄

夏羽 / 李新维 摄

渔鸥
Larus ichthyaetus

Great Black-headed Gull
鸥科 Laridae　鸥属 *Larus*
较常见　旅鸟

形态特征

体长63~73cm。虹膜暗褐色。嘴粗壮，黄色，先端红色，次端斑黑色。脚黄绿色。**夏羽**：头部黑色，眼上、下具白斑。背、肩及翼覆羽灰色，身体其余部位白色。初级飞羽白色，具黑色次端斑；第一枚初级飞羽外翈黑色；次级飞羽灰色，具白色端斑。**冬羽**：头顶至后颈白色，而具淡褐色纵纹。眼部具星月形暗斑。**幼鸟**：上体呈暗褐色和白色斑杂状，尾羽白色而具黑色次端斑。

生态与分布

常和西伯利亚银鸥混群栖息于内陆大型湖泊、沿海滩涂、鱼虾塘及岛屿上。主要食物为鱼、虾、昆虫、动物内脏等。繁殖于亚洲西部、中部至我国内蒙古，越冬于中东及亚洲南部、中南半岛沿海。在我国，除贵州、广西、海南和东北地区外，多数地区有分布。河北秦皇岛、唐山、沧州沿海湿地可见。

识别要点

嘴粗壮，黄色而先端红色，次端斑黑色；脚黄绿色；夏羽头黑色；冬羽头白色但眼周保留部分黑色。

相似种

1.黑尾鸥：体型小；尾具明显的宽、黑色次端斑；外侧初级飞羽黑色，翅端无白斑。**2.普通海鸥**：体型小；嘴较细短；无红色斑点。

鸻形目
CHARADRIIFORMES 341

夏羽 / 李新维 摄

冬羽 / 文胤臣 摄

灰背鸥
Larus schistisagus

Slaty-backed Gull
鸥科 Laridae　鸥属 *Larus*
冬候鸟　较常见

形态特征

体长55~67cm。虹膜浅黄色，眼周有粉红色至紫红色眼圈。嘴黄色，下嘴先端有红色斑点。脚粉红色。**夏羽**：头、颈、尾上覆羽、尾羽和下体白色。背、肩及翼覆羽灰黑色，飞羽黑色。飞行时，翅前后缘的白色明显，翅、背的灰黑色与初级飞羽的黑色相近，几无对比。**冬羽**：头、颈具灰褐色纵纹，在枕部和后颈较致密。**幼鸟**：虹膜褐色。嘴黑色。上体淡褐色且具暗色羽轴纹和淡色羽缘。颏、喉白色，其余下体灰褐色。翅具淡色横斑。尾黑褐色，基部褐色并杂有白斑，尖端淡黄色。

生态与分布

栖息于海滩、岩石海岸、岛屿及河口地带，迁徙期间也见于内陆河流、湖泊和沼泽等水域。主食鱼类和无脊椎动物，也吃动物尸体、昆虫、两栖类、爬行类、啮齿类和其他鸟类的雏鸟和卵，也会掠夺其他海鸟食物。繁殖于西伯利亚东北部沿海及日本北部，冬季南迁至日本和朝鲜半岛及中国沿海越冬。河北秦皇岛、唐山、沧州沿海湿地可见。

识别要点

嘴黄色且下嘴先端具红斑；脚粉红色；冬羽头及后颈具灰褐色纵纹，体背深灰黑色与初级飞羽的黑色相近。

相似种

1.西伯利亚银鸥：头、颈具明显的灰褐色纵纹，脏污感明显；背部蓝灰色。
2.蒙古银鸥：背部羽色浅；头、颈部几乎为白色。**3.黑尾鸥**：脚黄绿色；尾部具宽阔的黑色次端斑。

鸻形目
CHARADRIIFORMES

冬羽 / 文胤臣 摄

冬羽 / 陈建中 摄

西伯利亚银鸥
Larus vegae

Siberian Gull
鸥科 Laridae　鸥属 *Larus*
冬候鸟 / 旅鸟　常见

形态特征

体长55～67cm。虹膜浅黄色至偏褐色。嘴黄色，下缘先端具红斑。脚肉色至鲜粉红色。**夏羽**：头至颈、胸以下纯白色。背、肩及翼覆羽深灰色。腰、尾上覆羽和尾羽白色。**冬羽**：头至后颈、颈侧及胸侧具灰褐色纵纹，脏污感明显。上体体羽蓝灰色，三级飞羽及肩羽具宽阔的白色羽端。飞行时，翼尖黑色端缘具白色点斑。合拢的翼上可见5枚大小相等的白色翼尖。**幼鸟**：上体淡褐色且具暗褐色羽轴纹和淡色羽缘，颈部具暗褐色纵纹。

生态与分布

常成对或成小群活动于河流、湖泊、盐田、滩涂等湿地区域。杂食性，主要以鱼和水生无脊椎动物为食，也在岸上捕食昆虫、两栖类、爬行类、啮齿类和其他鸟类的雏鸟和卵，也吃腐肉和植物果实等，会掠夺其他海鸟食物。繁殖于俄罗斯北部及西伯利亚东北部，越冬于日本及中国渤海、华东及华南沿海地区。河北各地有分布，在内陆湿地为旅鸟，东部沿海为冬候鸟。

识别要点

嘴黄色且下嘴先端具红斑，脚肉红色至鲜粉红色；头、颈部具明显的灰褐色纵纹；背部蓝灰色；飞行时翼尖黑色端缘具白色点斑，合拢的翼上可见多至5枚大小相等的白色翼尖。

相似种

1.灰背鸥：嘴明显粗壮；头颈部白色；体背灰黑色与初级飞羽的黑色相近。**2.蒙古银鸥**：头、颈部白色几乎无深色纵纹；**3.小黑背银鸥**：背部羽色较深；头、颈部具明显纵纹；脚黄色。

鸻形目
CHARADRIIFORMES

冬羽 / 陈建中 摄

亚成鸟（左）成鸟（右）/ 孟德荣 摄

冬羽 / 孟德荣 摄

棕头鸥
Larus brunnicephalus

Brown-headed Gull
鸥科 Laridae　鸥属 *Larus*
罕见　旅鸟

形态特征

体长41~46cm。虹膜暗褐色或黄褐色。嘴、脚暗红色。**夏羽**：头前半部褐色，近颈部处加深至黑褐色。眼圈白色，后头至颈、胸以下白色。背、肩及翼覆羽灰色。飞行时，初级飞羽白色，端部黑色而具白色斑块。**冬羽**：嘴红色，先端黑色。头白色，头顶缀淡灰色。眼先污色，眼后耳羽具深褐色块斑。**幼鸟**：似成鸟冬羽，但嘴、脚黄色或橙色，嘴尖暗色。虹膜近白色。背部和翼覆羽具褐色斑，翼尖无白色块斑，尾羽白色而具黑色次端斑。

生态与分布

常与其他鸥类混群栖息于湖泊、河流、沼泽、鱼虾塘、盐田、海岸、河口、滩涂等地。以鱼类、甲壳类、软体动物和水生昆虫为主食。繁殖于亚洲中部高原地区，冬季南迁至亚洲南部及东南部越冬。在我国，繁殖于西藏中部及青海高原，迁徙时见于我国北部及西南部，偶见于华北地区。河北北戴河、沧州黄骅港有记录。

识别要点

嘴红色且较粗；夏羽头罩褐色，初级飞羽端部黑色，外侧两枚初级飞羽具近端白斑。

相似种

红嘴鸥：体型较小；嘴较细；飞行时，翼上黑色翼尖无白色块斑。

鸻形目　CHARADRIIFORMES　347

夏羽 / 李新维 摄

冬羽 / 孟德荣 摄

冬羽 / 孟德荣 摄

红嘴鸥
Larus ridibundus

Black-headed Gull
鸥科 Laridae　鸥属 *Larus*
常见　旅鸟

形态特征

体长35～43cm。虹膜暗褐色。**夏羽**：嘴、脚暗红色，嘴先端黑色。头前半部咖啡褐色，具狭窄的白色眼圈，后头至颈、胸以下白色。背、肩及翼覆羽淡灰色。飞行时，翼上前缘白色，初级飞羽末端黑色；翼下初级飞羽黑色，外缘白色；尾上、下覆羽及尾羽白色。**冬羽**：嘴、脚红色，嘴先端黑色。头白色，眼前及耳区具暗色斑块，头顶具淡褐色斑。**幼鸟**：似成鸟冬羽，但嘴橘色。背部和翼覆羽具褐色斑，尾羽具黑褐色次端斑。

生态与分布

结群活动于湖泊、河流、库塘、沼泽、盐田、海岸、河口、港湾等地。喜浮于水面或停栖于水中凸出物上，善游泳，常成百上千只的大群于水面漂浮。以鱼类、甲壳类、软体动物、水生昆虫为主食，也吃蜥蜴、鼠类、小型动物尸体。繁殖于欧亚大陆，冬季南迁至非洲、亚洲（东南部）及印度、中国。在我国，各地区可见。河北各湿地都有分布。

识别要点

嘴形细长，红色而端部黑色；脚暗红色；冬羽眼后具黑褐色耳斑；初级飞羽端部黑色，外侧两枚初级飞羽的黑色先端上无近端白斑；飞行时翅外侧有一较长的楔形白斑。

相似种

1.黑嘴鸥：体型略小；黑色的嘴明显短厚；初级飞羽末端具白斑；夏羽头部黑色，不染褐色。**2.遗鸥**：体型略大；暗红色或红色的嘴较红嘴鸥的厚；夏羽头部黑色，且区域较大；冬羽后颈具细密褐色纹而眼后耳区无明显黑色斑块。**3.棕头鸥**：体型较大；翼尖具白色斑块。**4.弗氏鸥**：眼上、下缘白色粗而醒目；初级飞羽末端白色。

鸻形目
CHARADRIIFORMES

亚成鸟 / 李新维 摄

成鸟换羽中 / 李新维 摄

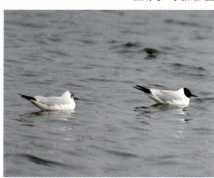

夏羽 / 孟德荣 摄

亚成鸟 / Dr. Raju Kasambe 摄
来源：https://commons.wikimedia.org

细嘴鸥
Larus genei

Slender-billed Gull
鸥科 Laridae 鸥属 *Larus*
冬候鸟 罕见

形态特征

体长42～44cm。虹膜黄白色，眼圈红色。嘴暗红色。脚红色。**夏羽**：背、肩、翼覆羽及内侧飞羽淡灰色，外侧初级飞羽白色，端部黑色。身体其余部分白色，但下胸和腹部常染粉红色。**冬羽**：似夏羽，但耳羽有比眼大的灰色斑。**幼鸟**：上体具淡褐色鳞状斑，尾有褐色次端斑。

生态与分布

繁殖于内陆湖泊，非繁殖期活动于海岸地带，偏好沙滩环境。以鱼类、甲壳类、软体动物和昆虫为食。繁殖于非洲北部、地中海、红海及波斯湾，越冬于繁殖区南部和东部。在我国，偶见于河北、天津、青海、云南、香港。河北北戴河2004年5月6日有记录。

识别要点

嘴形纤细，暗红色；眼圈红色；头、颈白色，外侧初级飞羽白色且有黑色端斑。

相似种

红嘴鸥：冬羽头白色，眼前及耳区具暗色斑块。

鸻形目 CHARADRIIFORMES 351

成鸟 / Nanosanchez 摄
来源：https://commons.wikimedia.org/wiki/File:Larus_genei1150240.jpg

亚成鸟 / Dr. Raju Kasambe 摄
来源：https://commons.wikimedia.org

夏羽 / 陈承彦 摄

弗氏鸥
Larus pipixcan

Franklin's Gull
鸥科 Laridae　鸥属 *Larus*
迷鸟　罕见

形态特征

体长32~38cm。虹膜深褐色。**夏羽**：嘴、脚红色。头黑色，眼的上、下缘白色粗而醒目。颈部、下体、尾羽白色，背、肩及翼覆羽深灰色。飞行时次级飞羽后缘白色宽而明显，初级飞羽末端白色，内侧黑色。**冬羽**：嘴黑色，先端红色，脚暗红色。头白色，眼上至头顶灰黑色，眼后下方至后头黑色。

生态与分布

繁殖于内陆湖泊，非繁殖期活动于海岸地带，偏好沙滩环境。以鱼类、甲壳类、软体动物和昆虫为食。繁殖于北美洲，冬季南迁至中、南美洲太平洋沿岸。在我国，偶见于河北、天津塘沽（2004年9月18日）、台湾。河北北戴河有记录。

识别要点

夏羽嘴红色，头黑色；飞羽灰色，端部白色，外侧初级飞羽近端有黑斑；冬羽嘴黑色，先端红色；头白色，眼至头顶灰黑色。

相似种

1.红嘴鸥：夏羽头仅前半部咖啡褐色，飞行时初级飞羽末端黑色。**2.遗鸥**：飞行时初级飞羽末端黑色，具白斑。

鸻形目
CHARADRIIFORMES   353

夏羽 / 陈承彦 摄

黑嘴鸥
Larus saundersi

亚成鸟冬羽 / 陈建中 摄

Saunders's Gull
鸥科 Laridae　鸥属 *Larus*
夏候鸟 / 旅鸟 / 冬候鸟　常见

形态特征

体长31～39cm。虹膜暗褐色。嘴黑色而粗短。脚暗红色。**夏羽**：头、颈上部黑色；眼周白色，前缘缺；背、肩及覆羽灰色；身体其余部位白色。飞行时翼后缘白色，初级飞羽羽端白色，具黑色次端斑；翼下初级飞羽黑色，外缘白色。翼合拢时，初级飞羽上常可见4～5个白色羽尖。**冬羽**：头部白色，头顶具褐色横斑。眼前部污黑色，眼后方耳区有黑色斑块。**幼鸟**：似成鸟冬羽，但背部略带褐色。翼覆羽有褐色斑，头顶有褐色横斑，尾羽末端黑褐色。

生态与分布

主要栖息于沿海泥质滩涂、沼泽、盐田及河口地带，偶见于内陆湖泊。以鱼类、甲壳类、贝类、昆虫及其幼虫、蠕虫为食。仅繁殖于我国辽宁、河北、山东及江苏盐城，冬季迁移至日本南部、韩国南部、越南北部、中国东南沿海至中国台湾西海岸越冬。河北唐山滦河口曾经是其繁殖地，迁徙时经秦皇岛、唐山、沧州沿海湿地，临近唐山黑沿子的天津大神堂有200余只越冬群。

识别要点

嘴黑色而粗短；脚暗红色；初级飞羽羽端白色，具黑色次端斑，翼合拢时，初级飞羽上常可见4～5个白色羽尖；冬羽头部白色，头顶具褐色横斑，眼后方有黑色耳斑。

相似种

1.遗鸥：体型大，暗红色或红色的嘴较黑嘴鸥的厚；冬羽后颈具细密褐色纹而眼后耳区无明显黑色斑块。**2.红嘴鸥**：暗红色或红色的嘴较细长；初级飞羽末端黑色。**3.小鸥**：夏羽眼周无白斑；翅下覆羽暗灰黑色。

保护级别

河北省重点保护野生动物。

亚成鸟冬羽 / 陈建中 摄

夏羽 / 陈建中 摄

亚成鸟 / 孟德荣 摄

遗鸥
Larus relictus

Relict Gull
鸥科 Laridae　鸥属 *Larus*
夏候鸟 / 旅鸟 / 冬候鸟　常见

形态特征

体长41～46cm。虹膜褐色。**夏羽**：嘴、脚暗红色。前额扁平，头深棕褐色至黑色，眼上、下方及后缘具显著白斑。背、肩及翅上覆羽淡灰色；腰、尾上覆羽、尾羽及下体白色。飞行时，初级飞羽端部黑色而具一大型白斑，翅前后缘均有白边。**冬羽**：嘴灰褐色，先端黑色。脚暗红色。头、颈白色，后颈杂有褐色斑纹。眼先稍污色。**幼鸟**：嘴、脚黑色或灰褐色。颈及两翼具褐色杂斑。尾端具宽阔的黑色横带。

生态与分布

栖息于开阔平原和半荒漠的咸水或淡水湖泊、沿海滩涂及河口地带，偶见于海岸附近的盐田养殖塘。主要以昆虫、小鱼、水生无脊椎动物等为食。繁殖于亚洲中部和中北部湖泊。在我国，繁殖于内蒙古、陕西和河北西北部，越冬于渤海湾和莱州湾滩涂，少量见于华南地区沿海。河北张家口地区康保县和张北县有繁殖种群，尚义、蔚县为旅鸟，唐山、秦皇岛、沧州沿海滩涂为冬候鸟。

识别要点

嘴、脚暗红色；夏羽具黑色头罩，初级飞羽端部黑色而具大型白斑；翼合拢时初级飞羽上常可见4～5个白色斑点；冬羽头部白色，眼后方多无黑色耳斑。

相似种

1.红嘴鸥：嘴较细长，额较陡；夏羽头部咖啡褐色；冬羽嘴红色，耳区具明显黑斑；飞行时，翼尖黑色且无白斑。**2.黑嘴鸥**：体型较小，黑色的嘴明显短厚；冬羽头顶具褐色横斑，耳区具明显黑斑。**3.弗氏鸥**：初级飞羽末端白色。

保护级别

国家 I 级重点保护野生动物;《濒危野生动植物种国际贸易公约》附录 I 物种。

成鸟夏羽(左)亚成鸟(右)/孟德荣 摄

夏羽/王晓宝 摄

小鸥
Larus minutus

夏羽 / Andrej Chudy 摄
来源: https://commons.wikimedia.org

Little Gull
鸥科 Laridae　鸥属 *Larus*
旅鸟　罕见

形态特征

体长28～31cm。虹膜暗褐色。嘴细短，暗红色至黑色。脚红色。**夏羽**：头黑色，眼周无白斑。后颈、尾上覆羽及尾白色。上体肩、背、翅上覆羽及飞羽淡灰色，翅下覆羽暗灰黑色，翅尖和翅后缘白色。下体白色。**冬羽**：头白色，头部和后枕有黑色斑。眼后耳羽有一新月形黑斑。**幼鸟**：似成鸟冬羽，但翼覆羽黑褐色。飞行时翼上具黑色似"M"型图纹，翼下覆羽白色，尾端黑色。

生态与分布

栖息于湖泊、河流、水塘、沼泽、海岸、河口、海滩、盐田等处。飞行轻盈似燕鸥，入水时脚先下悬踩踏水面，或直接俯冲取食。以鱼类、甲壳类、软体动物、昆虫等为食。繁殖于西伯利亚至蒙古及欧洲北部和东部、北美洲，越冬于欧洲南部、非洲北部及中国东部沿海、美国东部。在我国，黑龙江、河北、天津、山西、内蒙古、新疆、青海、四川、江苏、香港、台湾有分布。河北北戴河有记录。

识别要点

嘴暗红色至黑色；脚红色；夏羽黑色的头上眼周无白斑；冬羽头部和后枕有黑斑，眼后具黑色耳斑。

相似种

1.红嘴鸥：体型较大；嘴红色；头色较淡；初级飞羽具黑色尖端。**2.黑嘴鸥**：眼上、下缘具新月形白斑；初级飞羽具黑色次端斑。

保护级别

国家 II 级重点保护野生动物。

冬羽 / Jonn Leffmann 摄
来源:https://commons.wikimedia.org

夏羽 / Andrej Chudy 摄
来源:https://commons.wikimedia.org

三趾鸥
Rissa tridactyla

亚成鸟冬羽 / 范怀良 摄

Black-legged Kittiwake
鸥科 Laridae　三趾鸥属 *Rissa*
旅鸟　罕见

形态特征

体长38～47cm。虹膜暗褐色，眼圈橙红色。嘴淡黄色或黄绿色。脚黑色，后趾退化。尾略呈浅凹状。**夏羽**：头、颈、尾和下体纯白色。肩、背、腰、翅上覆羽和飞羽灰色。初级飞羽羽端黑色，次级飞羽羽端白色。**冬羽**：后头及后颈灰黑色，眼后有黑色斑。**幼鸟**：似成鸟冬羽，但嘴黑色。后颈具新月形灰黑色横带。尾羽具黑色端部横斑。翅上覆羽具黑色斜行带斑。

生态与分布

海洋性鸟类，白天生活于海洋，在海边岩石、沙滩或堤顶上休息，常跟其他鸥类群集过夜。飞翔轻快，发现猎物时会以脚踩踏或轻掠水面浅啄，也会冲入水面猎食；有时追随渔船，捡拾船上舍弃之食物。以小鱼、甲壳类、乌贼等为主食。有时在大江河入海口或附近的盐田虾塘活动。广布于北半球寒带至温带水域。在我国，辽宁、河北、北京、天津、山东、甘肃、云南、四川、江苏、上海、浙江、广东、香港、海南、台湾有分布。河北北戴河和沧州章卫新河河口有记录。

识别要点

嘴淡黄色或黄绿色，脚黑色；夏羽头、颈纯白色，翅灰色而翅尖黑色；冬羽后头及后颈灰黑色，眼后有黑色斑。

相似种

1.普通海鸥：脚绿黄色；黑色翅尖具白斑。**2.黑嘴鸥**：嘴黑色；冬羽枕与后颈无灰黑色斑。

保护级别

河北省重点保护野生动物。

鸻形目
CHARADRIIFORMES

亚成鸟冬羽 / 孟德荣 摄

亚成鸟冬羽 / 范怀良 摄

夏羽 / 张明 摄

鸥嘴噪鸥
Gelochelidon nilotica

Gull-billed Tern
燕鸥科 Sternidae　噪鸥属 *Gelochelidon*
夏候鸟 / 旅鸟　常见

形态特征

体长31～39cm。虹膜暗褐色。嘴粗厚，黑色。脚黑色。尾略分叉，停栖时翼端超过尾羽。**夏羽**：额、顶至后颈黑色。上体及中央尾羽灰白色。翅尖暗灰色至黑褐色。身体余部白色。飞行时翼下白色，仅初级飞羽末端黑色。**冬羽**：头部黑色消失。眼前、眼后、耳羽具黑色斑块。背部、翅淡灰色。身体余部均白色。**幼鸟**：似冬羽，但头顶及上体具褐色杂斑。

生态与分布

栖息于河流、湖泊、沼泽及河口、海滩、盐田。常在水域慢速来回飞行，发现猎物即俯冲入水捕食，或于泥滩捕食小鱼、甲壳类等，亦食昆虫、蜥蜴等小动物。分布遍及美洲、欧洲、亚洲、非洲及大洋洲。在我国，新疆、内蒙古（东北部）及东部沿海有分布，部分在东南沿海和台湾终年留居。在河北主要分布于秦皇岛、唐山、沧州沿海地区及邢台、衡水湖等地。

识别要点

嘴粗厚，黑色；脚黑色；冬羽头白色，黑色眼斑与黑色耳斑相连。

相似种

普通燕鸥：嘴明显纤细；停歇时翅与尾等长，尾外侧尾羽的外缘黑色；夏羽腹部淡灰色。

鸻形目
CHARADRIIFORMES
363

夏羽 / 陈建中 摄

夏羽 / 孟德荣 摄

冬羽 / 孟德荣 摄

冬羽 / 李新维 摄

红嘴巨燕鸥
Hydroprogne caspia

Caspian Tern
燕鸥科 Sternidae　巨鸥属 *Hydroprogne*
夏候鸟 / 旅鸟　常见

形态特征

体长47~55cm。虹膜暗褐色。嘴长而粗厚，鲜红色，先端常为黑色。脚黑色。尾短，略分叉。**夏羽**：额、头顶至枕部黑色，具不明显的冠羽。背、翅淡灰色。初级飞羽灰黑色。下体白色。飞行时翼下白色。**冬羽**：嘴色稍淡。额及头顶为污白色并杂有黑色细斑纹。上体羽色较淡。**幼鸟**：似冬羽，但眼前和眼后具黑色斑。上体具褐色横斑。尾具褐色次端斑和赭色尖端。

生态与分布

常成小群栖息于湖泊、水库、及沿海滩涂、河口、盐田等地带。觅食时于水域来回巡弋，发现目标定点，鼓翼后俯冲入水捕食。主食鱼、虾等。繁殖于北美洲及古北界，冬季南迁至南美洲、非洲、印度洋及印度尼西亚、澳大利亚。在我国，吉林、辽宁、河北、北京、天津、山东、内蒙古、新疆、云南、江西、江苏、上海、浙江、福建、广东、广西、香港、澳门、海南、台湾有分布。在河北省，主要分布于秦皇岛、唐山、沧州沿海地区。

识别要点

嘴长而粗厚，鲜红色而先端常为黑色；脚黑色；额至枕黑色，上体淡灰色。

保护级别

河北省重点保护野生动物。

鸻形目
CHARADRIIFORMES

夏羽 / 陈建中 摄

冬羽 / 李新维 摄

夏羽 / 陈承彦 摄

小凤头燕鸥
Thalasseus bengalensis

Lesser Crested Tern
燕鸥科 Sternidae　凤头燕鸥属 *Thalasseus*
迷鸟　罕见

形态特征

体长35～43cm。虹膜黑褐色。嘴橙黄色或橙色。脚和趾黑色。尾深叉状。**夏羽**：额、顶、枕和枕冠羽黑色，后颈白色。背、肩、翅上覆羽、腰、尾上覆羽和尾羽淡灰色至淡蓝灰色，初级飞羽端部黑褐色。下体白色。停栖时，翅尖超出尾端。**冬羽**：前额和头顶前部白色，头顶具黑色纵纹。黑色枕冠较小。**幼鸟**：似成鸟冬羽，但肩、背部具褐色斑。尾羽近端部暗褐色。

生态与分布

海洋性鸟类。主要栖息于开阔的海洋、海岸岩石、岛屿、岩礁和海滨地区。常结群活动。主要取食鱼类和小虾。在国外，分布于非洲北部、红海、波斯湾、亚洲东南部及印度、澳大利亚（北部）。在我国，台湾、福建、广东、香港、海南、河北有分布。河北仅山海关有一次记录（2013年8月8日）。

识别要点

嘴橙黄色或橙色；脚和趾黑色；夏羽额黑色，头上具黑色枕冠；冬羽仅额变白色。

相似种

1.**大凤头燕鸥**：体型较大，嘴黄色或绿黄色；夏羽前额和眼先白色，上体鼠灰色。2.**中华凤头燕鸥**：嘴橘荧色而先端黑色，或嘴端橘黄色而具黑色次端斑。

夏羽 / 陈承彦 摄

中华凤头燕鸥
Thalasseus bernsteini

Chinese Crested Tern
燕鸥科 Sternidae　凤头燕鸥属 *Thalasseus*
夏候鸟　罕见

夏羽 / 田穗兴 摄

形态特征

体长38～42cm。虹膜黑褐色。脚和趾黑色。尾深叉状。**夏羽**：嘴橘黄色，先端黑色。额、顶、枕和头顶冠羽黑色。头侧黑色自眼先经过眼的下缘直至后枕。后颈白色。背、肩、翅上覆羽、腰、尾上覆羽和尾羽淡灰色，初级飞羽深灰色。下体白色。停栖时，翅与尾等长。**冬羽**：嘴端黄色，其后具黑色次端斑。前额和头顶白色，头顶具黑色纵纹，黑色枕冠较小。**幼鸟**：似成鸟冬羽，但肩、背部具褐色斑。

生态与分布

常单独或成对活动于海岸或岛屿。以鱼虾为食。在国外分布于泰国湾、加里曼丹岛北部沿海、菲律宾中部与北部沿海和岛屿、马来半岛海岸。在我国，河北、天津、山东、上海、浙江、福建、台湾、广东、海南有分布。河北北戴河曾有发现记录（1978年）。

识别要点

夏羽嘴橘黄色而先端黑色，或嘴端黄色而具黑色次端斑；头顶具黑色冠羽，上体淡灰色。

相似种

小凤头燕鸥：嘴全橙黄色或橙色，先端无黑色。

鸻形目
CHARADRIIFORMES 369

夏羽/田穗兴 摄

黑枕燕鸥

Sterna sumatrana

成鸟 / 田穗兴 摄

Black-naped Tern
燕鸥科 Sternidae　燕鸥属 *Sterna*
迷鸟　罕见

形态特征

体长30~35cm。虹膜黑色。嘴、脚黑色。尾深叉状。**夏羽**：头、颈部白色。自眼先向后具一黑色贯眼纹延至枕后相连，并向下扩展至后颈部，形成一大块半环状黑斑。背、肩、腰、尾上覆羽及翅覆羽淡灰色，第一枚飞羽外缘黑色。尾羽及下体白色。停栖时翅尖接近尾尖。**冬羽**：似夏羽，但枕部黑斑小而窄。**幼鸟**：头顶具黑色纵纹。枕与后颈黑色带斑不完整。上体羽具黑褐色羽缘。尾圆而无叉。

生态与分布

常小群停栖于沙滩或海岸之礁岩、峭壁上，极少到泥滩，从不到内陆，也常与其他燕鸥混群。主食小鱼，也吃甲壳类及软体动物等。分布于太平洋及印度洋热带及亚热带地区，冬季迁移至南洋群岛。在我国，山东、浙江、福建、台湾、广东、香港、海南岛有分布，偶尔游荡到河北沿海。

识别要点

嘴、脚黑色；头、颈部白色，黑色贯眼纹延至枕后相连形成宽阔的黑带，上体淡灰色。

相似种

白额燕鸥：体型较小；夏羽嘴黄色，嘴端黑色；额白色，上体灰色；停栖时翅尖明显长于尾尖。

鸻形目
CHARADRIIFORMES 371

成鸟/田穗兴 摄

夏羽 / 孟德荣 摄

普通燕鸥
Sterna hirundo

Common Tern
燕鸥科 Sternidae　燕鸥属 *Sterna*
夏候鸟　常见

形态特征

体长31～38cm。虹膜黑色。嘴暗红色或黑色。脚红色。尾深叉状。停栖时翅尖达尾尖。**夏羽**：额、头顶、枕至后颈上部黑色。背、肩、翅上覆羽灰色。下颈、腰、尾上覆羽和尾羽白色。外侧尾羽延长，外翈黑色。颏、喉、胸部白色。腹部淡灰色。**冬羽**：似夏羽。额白色，头顶前部白色而具黑色纵纹。贯眼纹、头顶后部、枕及后颈黑色。**幼鸟**：似成鸟冬羽，但翅和上体各羽具白色羽缘和黑色次端斑。

生态与分布

栖息于草地、河流、湖泊、沼泽、水库、水塘、稻田以及海岸滩涂、港湾、河口、盐田等地，常与其他燕鸥混群。喜停栖于凸出的高地或杆状物。常悬停于空中，发现猎物后即从高空俯冲入水捕食。以小鱼、甲壳类和昆虫为食。在国外，繁殖于北美洲及古北界，冬季南迁至南美洲、非洲、印度洋及澳大利亚、印度尼西亚。在我国，繁殖于北部和西部，迁徙时经华南及东南各地区。在河北，是各地常见的夏候鸟。

识别要点

嘴暗红色或黑色；脚红色；前颈和胸白色；外侧尾羽延长，外翈黑色。

相似种

1.**鸥嘴噪鸥**：黑色的嘴明显粗壮；停栖时，翅长明显超过尾长。2.**白额燕鸥**：体型较小；夏羽嘴黄色，嘴端黑色；额白色；翅长明显长于尾。

鸻形目
CHARADRIIFORMES 373

换羽中 / 孟德荣 摄

夏羽 / 孟德荣 摄

白额燕鸥
Sterna albifrons

夏羽 / 孟德荣 摄

Little Tern
燕鸥科 Sternidae　燕鸥属 *Sterna*
夏候鸟　常见

形态特征

体长21～27cm。虹膜黑色。**夏羽**：嘴黄色，先端黑色。脚橙黄色至黄褐色。额白色，头顶至后颈、贯眼纹黑色。上体灰色。外侧初级飞羽黑褐色。尾上覆羽、尾羽白色。颈侧及下体白色。**冬羽**：嘴黑色。脚暗褐色。眼先白色。头顶白色向后扩展，头部黑色斑块缩小。**幼鸟**：似成鸟冬羽，嘴黑色，基部黄色。头顶、背部具褐色鳞状斑。尾较短，白色，端部褐色。

生态与分布

栖息于河流、湖泊、沼泽、水库、鱼塘、海岸滩涂、河口、盐田等环境，喜与其他燕鸥混群。常见其在空中振翅悬停，锁定目标即快速扎入水中捕食，并快速离水起飞。以小鱼、甲壳类、软体动物、昆虫为食。广泛分布于欧洲、亚洲、非洲和大洋洲的温带及热带地区。在我国，除西藏、广西外，见于各地区。在河北，是各地常见的夏候鸟。

识别要点

夏羽嘴黄色而先端黑色；脚橙黄色至黄褐色；额白色，头顶至后颈、贯眼纹黑色；冬羽嘴黑色；脚暗褐色；眼先白色。

相似种

1.普通燕鸥：体型较大；全年嘴不呈黄色；夏羽额黑色，外侧尾羽外翻缘黑色。**2.黑枕燕鸥**：嘴、脚黑色。

保护级别

河北省重点保护野生动物。

鸻形目
CHARADRIIFORMES

幼鸟 / 孟德荣 摄

夏羽 / 孟德荣 摄

灰翅浮鸥
Chlidonias hybrida

Whiskered Tern
燕鸥科 Sternidae　浮鸥属 *Chlidonias*
夏候鸟　常见

夏羽 / 梁长友 摄

形态特征

体长23～28cm。尾浅凹形，停栖时翼较尾羽长。**夏羽**：嘴深红色。脚红色。额部经头顶至后颈部黑色。肩灰黑色。背、腰、尾上覆羽和尾羽灰色，翅上覆羽淡灰色。颏、喉、颊白色。前颈、上胸暗灰色，下胸、腹和两胁黑色。尾下覆羽白色。腋羽和翅下覆羽淡灰白色。**冬羽**：嘴、脚黑色。额白色，头上有黑色细斑，后头黑色与眼后黑斑相连。上体淡灰色，下体白色。**幼鸟**：似成鸟冬羽，但背、肩黑褐色而具宽的棕褐色横斑及羽缘。尾羽具淡黑褐色次端斑和白色羽缘。

生态与分布

成群活动于河流、湖泊、池塘、水库、沼泽及盐田、河口和潮间带，喜淡水水域。常于低空鼓翅，低低掠过水面，发现猎物时迅速俯冲扎入水中捕食鱼虾，也常于水域附近草丛或水田捕食昆虫，也吃水草和草籽。喜停栖于沙滩、水中石块、木桩、电线上。繁殖于欧洲南部、非洲北部、亚洲中部、西伯利亚南部，冬季南迁至非洲中部以南、亚洲东南部和澳大利亚、新西兰越冬。在我国，除西藏、贵州外，见于各地。在河北，是各地常见的夏候鸟。

识别要点

夏羽嘴深红色，脚红色，眼以下头侧白色，下体黑色；冬羽嘴、脚黑色，头部仅枕部和贯眼纹黑色。

相似种

白翅浮鸥：夏羽头全黑色，翅较白，翅下覆羽黑色；冬羽头部耳羽黑斑下延超过眼部。

鸻形目
CHARADRIIFORMES

夏羽 / 李新维 摄

夏羽 / 李新维 摄

夏羽 / 孟德荣 摄

白翅浮鸥
Chlidonias leucopterus

White-winged Tern
燕鸥科 Sternidae　浮鸥属 *Chlidonias*
旅鸟 / 夏候鸟　常见

形态特征

体长20～26cm。虹膜暗褐色。尾浅凹形，停栖时翼较尾羽长。**夏羽**：嘴暗红色。脚红色。头、颈、肩、背、腰、胸、腹及翅下覆羽绒黑色。尾上覆羽、尾羽、尾下覆羽白色。翼灰色，但中、小覆羽白色。**冬羽**：嘴黑色。脚暗红色。头白色，头上至枕部黑色。耳羽黑斑向下延伸超过眼部，眼斑黑色。上体浅灰色，下体白色。**幼鸟**：似成鸟冬羽，但背部有褐色斑。

生态与分布

成群活动于河流、湖泊、池塘、沼泽、盐田、河口和潮间带。常于低空鼓翅，低低掠过水面，捕食鱼虾，也常于水域附近草丛或水田捕食昆虫。喜停栖于沙滩、水中石块、木桩、电线上。繁殖于欧洲南部、非洲北部、亚洲中部、西伯利亚南部、贝加尔湖和远东，冬季南迁至非洲中部以南、亚洲南部、亚洲东南部及澳大利亚、新西兰越冬。在我国，见于各地区。河北各地常见，在中北部为夏候鸟，南部为旅鸟。

识别要点

夏羽除了尾部白色、翅灰白色外其他部分均黑色；冬羽头顶后部、枕、耳羽黑色。

相似种

1.灰翅浮鸥：夏羽嘴深红色，眼部以下头侧白色；冬羽头部眼后黑斑不向下延伸。**2.黑浮鸥**：嘴黑色；尾羽暗灰色。

鸻形目
CHARADRIIFORMES

幼鸟 / 孟德荣 摄

夏羽 / 孟德荣 摄

黑浮鸥
Chlidonias niger

Black Tern
燕鸥科 Sternidae　浮鸥属 *Chlidonias*
迷鸟　罕见

夏羽 / 梁长友 摄

形态特征

体长22~27cm。虹膜黑色。嘴黑色，长而尖。脚暗红色。**夏羽**：头、颈、胸、腹黑色。背部和尾羽暗灰色。翅下覆羽淡灰色，尾下覆羽白色。**冬羽**：额、后颈白色。头顶至后头与耳羽黑色相连。眼先黑色。上体淡灰褐色，具淡色羽缘。下体白色，胸侧具暗色斑。**幼鸟**：似成鸟冬羽，但背、肩部的灰褐色羽具黑色和皮黄色边缘。腰深灰色。

生态与分布

单独或成小群活动于内陆湖泊、河流、水库、沼泽，有时也出现于海岸、沿海沼泽、盐田地带。常于水面低空飞翔，冲入水中或轻掠水面捕食鱼虾，也常捕食昆虫。繁殖于北美洲、欧洲及俄罗斯中部，冬季南迁至中美洲、非洲、中东及亚洲南部。在我国，繁殖于新疆，偶见于东部地区。在河北为迷鸟，记录于北戴河。

识别要点

夏羽头黑色，背、腰、尾均灰色，翼下覆羽白色；冬羽似白翅浮鸥，但头顶后部、枕、耳区黑色连成一片，胸侧具粗著的黑斑。

相似种

白翅浮鸥：嘴较短；脚红色；翅上小覆羽、中覆羽及尾上覆羽和尾羽白色，翅下覆羽黑色；冬羽胸侧无暗色斑。

鸻形目
CHARADRIIFORMES

夏羽 / 梁长友 摄

佛法僧目
CORACIIFORMES

中、小型攀禽。嘴较长而粗壮，嘴形多样。翅短圆，腿短，脚弱，向前三趾基部并联，为并趾足。生活于森林、水边等多种生境，营巢于树洞或土洞中。以鱼虾、昆虫以及植物的果实、种子为食。雏鸟晚成性。

全世界共有7科34属152种，中国有3科11属21种，河北省有2科5属6种，其中，水鸟1科4属5种。

普通翠鸟
Alcedo atthis

雄鸟 / 李新维 摄

Common Kingfisher
翠鸟科 Alcedinidae　翠鸟属 *Alcedo*
夏候鸟 / 留鸟　常见

形态特征

体长15~18cm。虹膜暗褐色。腿短，脚弱，并趾足，红色。**雄鸟**：嘴黑色。额、顶、枕、后颈及翅蓝绿色，具翠蓝色细窄横斑。眼先和贯眼纹黑褐色。前额两侧、颊和耳羽橙红色。后颈侧有白斑。背中央至尾羽银蓝色。颏、喉白色。胸灰棕色。腹以下橙红色，下腹以下羽色较淡。**雌鸟**：似雄鸟，但下嘴橙红色。额、顶、枕、后颈及翅呈灰蓝色。胸、腹棕红色较淡，胸部无灰色。**幼鸟**：似成鸟，但羽色较淡。胸部渲染绿褐色。腹部中央污白色。

生态与分布

栖息于湖泊、溪流、池塘及沟渠等水域，常蹲踞于水边岩石或凸出之枝条上注视水面，也会于空中定点鼓翅，发现猎物即俯冲入水捕食，捕获猎物后返回原栖处。飞行时贴近水面快速直线前进，常发出单调尖锐鸣声。以鱼、虾为主食，兼食水生昆虫。求偶期雄鸟有献食行为，于水域周边土堤凿洞筑巢。广泛分布于欧洲、亚洲及非洲北部。在我国，分布几乎遍布全国。在河北省，见于各地，在北部承德、张家口地区为夏候鸟，中部和南部地区为留鸟。

识别要点

嘴粗长，黑色；上体蓝绿色，耳羽橙红色，下体橙红色或棕红色。

相似种

斑头大翠鸟：耳羽黑色，具蓝色纵纹；眼先和眼下各具一皮黄色斑。

佛法僧目
CORACIIFORMES

幼鸟 / 孟德荣 摄

凌继承 摄

赤翡翠
Halcyon coromanda

Ruddy Kingfisher
翠鸟科 Alcedinidae　翡翠属 *Halcyon*
夏候鸟 / 留鸟　常见

形态特征

体长25~27cm。虹膜暗褐色。嘴粗厚、长直而尖，亮红色。腿短，脚弱，橙红色至红色。全身大致橙红色，背面具紫色光泽，腰部中央浅蓝色。颏、喉白色或淡橙褐色。下腹至尾下覆羽羽色较淡。

生态与分布

栖息于阔叶林中的小溪、河流和水塘岸边以及海岸树林中，停栖时常不停摆动头部或尾羽。飞行振翅快速，常直线穿梭于树林，有时边飞边鸣，鸣声清脆响亮。主食鱼类、甲壳类，也吃昆虫、蜗牛、蜥蜴、蛙类等小动物。分布于亚洲南部、东南部和东部。在我国，繁殖于东北地区，迁徙时途经东部沿海各地，长江以南地区部分为留鸟。河北秦皇岛有记录。

识别要点

嘴亮红色、脚橙红色至红色；体橙红色。

相似种

三趾翠鸟：额基和眼先黑色；颈侧具白色斑。

佛法僧目
CORACIIFORMES

凌继承 摄

成鸟 / 李新维 摄

蓝翡翠
Halcyon pileata

Black-capped Kingfisher
翠鸟科 Alcedinidae 翡翠属 *Halcyon*
夏候鸟 较常见

形态特征

体长26~31cm。虹膜暗褐色。嘴粗厚、长直而尖,珊瑚红色。腿短,脚弱,红色。**成鸟**:头黑色。颈白色。上体紫蓝色。翼覆羽及初级飞羽末端黑色。颏、喉、胸白色。胸侧、腹以下棕黄色。飞行时初级飞羽内侧可见明显的白色翼斑。**幼鸟**:后颈白色沾棕色。喉和胸部羽毛具淡褐色羽端。腹侧有时具黑色羽缘。

生态与分布

栖息于林中小溪、河流、水塘岸边及沼泽地带,常单独活动。常蹲踞于水域岸边的石头、树枝或电线上注视水面,伺机猎食。飞行迅速,常贴水面低空直线飞行,边飞边鸣。主食鱼类、甲壳类和水生昆虫。分布于亚洲东部和东南部。在我国,除新疆、西藏、青海外,见于各地。河北各地都有分布。

识别要点

嘴、脚红色;头黑色,颈白色,背紫蓝色,腹棕黄色。

相似种

白胸翡翠:头至上背栗棕色。

保护级别

河北省重点保护野生动物。

佛法僧目
CORACIIFORMES

成鸟 / 李新维 摄

李新维 摄

冠鱼狗
Megaceryle lugubris

Crested Kingfisher
翠鸟科 Alcedinidae　大鱼狗属 *Megaceryle*
夏候鸟／旅鸟　少见

形态特征

体长37～43cm。虹膜暗褐色。嘴角黑色，基部和先端黄白色。脚黑色。**雄鸟**：头具长而竖直的冠羽，头顶、头侧和冠羽黑色而密杂白色斑点。后颈有一较宽的白色领环向前延伸至下嘴基部。颏、喉白色，由下嘴基部经颏、喉两侧有一黑纹延伸至胸侧，与胸部黑色并杂有棕斑的胸带相连。上体灰黑色，密杂白色横斑。两翅和尾黑色，亦缀白色横斑。黑色胸带以下白色，腹侧和两胁具黑色横斑。腋羽和翅下覆羽白色。**雌鸟**：似雄鸟，但腋羽和翅下覆羽棕色，微具黑斑。

生态与分布

栖息于林中小溪、河流、湖泊、水塘岸边及沼泽地带，常单独活动。常蹲踞于水域岸边的石头、树枝或电线上注视水面，发现鱼类立即扎入水中捕捉，然后飞回栖处吞食。也常沿溪流直飞，边飞边鸣。有时在水域上空飞翔觅食，发现水中鱼类迅即俯冲入水猎捕。主食鱼、虾等水生动物。分布于亚洲东部、东南部和南部。在我国，东北部、中部、西南部、南部等地区有分布。河北邢台八一水库、衡水湖、平山、秦皇岛有记录。

识别要点

头顶长冠羽黑色而密杂白色斑点；上体灰黑色，杂白色横斑；胸带黑色杂有棕斑；尾黑色，具白色横斑。

相似种

斑鱼狗：体型较小；嘴整体黑色；冠羽较短；具白色眉纹；尾白色而具宽阔的黑色亚端斑。

佛法僧目
CORACIIFORMES

391

李新维 摄

雄鸟 / 李新维 摄

斑鱼狗
Ceryle rudis

Lesser Pied Kingfisher
翠鸟科 Alcedinidae　鱼狗属 *Ceryle*
夏候鸟　偶见

形态特征

体长27~31cm。虹膜褐色。嘴、脚黑色。**雄鸟**：头上黑色，具短冠羽。眼先及眉纹白色，眼后下方黑色。上体黑、白相间。初级飞羽及尾羽基部白色而稍有黑色。下体白色，胸部具上宽下窄2条黑色横带。**雌鸟**：似雄鸟，但胸部仅有一具缺口的黑色横带。

生态与分布

成对或结小群出现于湖泊、水库、大鱼塘及沿海红树林等水域附近，常停栖于水边岩石、电线、树枝上，或于水域上空定点振翅搜寻猎物，发现猎物即凌空垂直俯冲入水捕鱼。分布于亚洲东南部。在我国，主要分布于长江流域以南，北京、天津和河北偶见。河北秦皇岛有记录。

识别要点

具粗著白色眉纹和纯黑色胸带；上体黑、白相杂；尾具黑色宽阔亚端斑。

相似种

冠鱼狗：嘴基部和先端黄白色；冠羽较长，无白色眉纹；尾黑色，具白色横斑。

佛法僧目
CORACIIFORMES

393

雄鸟（左）雌鸟（右）／李新维 摄

主要参考文献

常雅婧, 王鹏程, 田志伟, 等. 河北乐亭发现短尾鹱. 动物学杂志, 2014, 49(2): 243.
高宏颖. 野鸟寻踪——走进"中国观鸟之都"秦皇岛. 秦皇岛: 燕山大学出版社, 2015.
侯建华, 刘春延, 刘海莹, 等. 塞罕坝动物志 (脊椎动物卷). 北京: 科学出版社, 2011.
蒋志刚. 衡水湖国家级自然保护区生物多样性. 北京: 中国林业出版社, 2009.
廖本兴. 台湾野鸟图鉴 (水鸟篇). 台中市: 晨星出版有限公司, 2012.
孟德荣, 王保志, 杨静利. 河北衡水湖鸭科鸟类调查. 沧州师范学院学报, 2015, 31(1): 84-87.
孟德荣. 河北沧州沿海水鸟调查报告. 见: 中国沿海水鸟同步调查项目组. 中国沿海水鸟同步调查报告 (9. 2005—12. 2007). 香港: 香港观鸟会有限公司, 2007.
孟德荣. 河北沧州沿海水鸟调查报告. 见: 中国沿海水鸟同步调查项目组. 中国沿海水鸟同步调查报告 (1. 2010—12. 2011). 香港: 香港观鸟会有限公司, 2015.
王岐山, 马鸣, 高育仁. 中国动物志·鸟纲 (第五卷 鹤形目 鸻形目 鸥形目). 北京: 科学出版社, 2006.
吴跃峰, 赵建成, 刘宝忠, 等. 河北辽河源自然保护区科学考察与生物多样性研究. 北京: 科学出版社, 2007.
武宇红, 武明录, 李海燕. 邢台市及郊区鸟类区系组成及多样性. 动物学杂志, 2006, 41(2): 98-106.
约翰·马敬能, 卡伦·菲利普斯, 何芬奇. 中国鸟类野外手册. 长沙: 湖南教育出版社, 2002.
赵正阶. 中国鸟类志 (上卷·非雀形目). 长春: 吉林科技出版社, 2001.
赵建成, 吴跃峰, 关文兰, 等. 河北驼梁自然保护区科学考察与生物多样性. 北京: 科学出版社, 2008.
张莉, 孟德荣, 杨静利. 河北海兴湿地生物多样性研究. 保定: 河北大学出版社, 2013.
张玉峰, 徐全洪, 高士平, 等. 河北滦河口湿地鸟类多样性调查. 四川动物, 2010, 29(2): 244-248.
郑光美. 世界鸟类分类与分布名录. 北京: 科学出版社, 2011.
郑光美. 中国鸟类分类与分布名录 (第二版). 北京: 科学出版社, 2011.
郑光美. 中国鸟类分类与分布名录 (第三版). 北京: 科学出版社, 2017.
郑作新, 等. 中国动物志·鸟纲 (第一卷 潜鸟目 鹳鹬目 鹱形目 鹈形目 鹳形目). 北京: 科学出版社, 1997.
郑作新, 等. 中国动物志·鸟纲 (第二卷 雁形目). 北京: 科学出版社, 1979.

拉丁名索引

A
Actitis hypoleucos	290
Aix galericulata	114
Alcedo atthis	384
Amaurornis phoenicurus	188
Anas acuta	132
Anas carolinensis	126
Anas clypeata	136
Anas crecca	124
Anas falcata	118
Anas formosa	122
Anas penelope	116
Anas platyrhynchos	128
Anas poecilorhyncha	130
Anas querquedula	134
Anas strepera	120
Anser albifrons	096
Anser anser	100
Anser caerulescens	104
Anser cygnoides	092
Anser erythropus	098
Anser fabalis	094
Anser indicus	102
ANSERIFORMES	085
Anthropoides virgo	170
Ardea alba	046
Ardea cinerea	042
Ardea purpurea	044
Ardeola bacchus	056
Arenaria interpres	294
Aythya baeri	142
Aythya ferina	140
Aythya fuligula	146
Aythya marila	148
Aythya nyroca	144

B
Botaurus stellaris	068
Branta bernicla	106
Bubulcus ibis	054
Bucephala clangula	158
Butorides striata	058

C
Calidris acuminata	314
Calidris alba	300
Calidris alpina	320
Calidris canutus	298
Calidris ferruginea	316
Calidris mauri	302
Calidris melanotos	312
Calidris minuta	306
Calidris ptilocnemis	318
Calidris ruficollis	304
Calidris subminuta	310
Calidris temminckii	308
Calidris tenuirostris	296
Ceryle rudis	392
CHARADRIIFORMES	203
Charadrius alexandrinus	234
Charadrius dubius	236
Charadrius hiaticula	230
Charadrius leschenaultii	240
Charadrius mongolus	238
Charadrius placidus	232
Charadrius veredus	242
Chlidonias hybrida	376
Chlidonias leucopterus	378
Chlidonias niger	380
Ciconia boyciana	074
Ciconia nigra	072
CICONIIFORMES	041
Clangula hyemalis	154
CORACIIFORMES	383
Coturnicops exquisitus	184
Cygnus columbianus	090

Cygnus cygnus	088	Heteroscelus brevipes	292
Cygnus olor	086	Himantopus himantopus	212
		Histrionicus histrionicus	152
E		Hydrophasianus chirurgus	204
Egretta eulophotes	052	Hydroprogne caspia	364
Egretta garzetta	050		
Egretta intermedia	048	**I**	
Eurynorhynchus pygmeus	322	Ibidorhyncha struthersii	210
		Ixobrychus cinnamomeus	066
F		Ixobrychus eurhythmus	064
Fregata minor	038	Ixobrychus sinensis	062
Fulica atra	200		
		L	
G		Larus brunnicephalus	346
Gallicrex cinerea	196	Larus canus	334
Gallinago gallinago	256	Larus crassirostris	332
Gallinago hardwickii	250	Larus genei	350
Gallinago megala	254	Larus hyperboreus	336
Gallinago solitaria	248	Larus ichthyaetus	340
Gallinago stenura	252	Larus minutus	358
Gallinula chloropus	198	Larus mongolicus	338
Gavia arctica	004	Larus pipixcan	352
Gavia pacifica	006	Larus relictus	356
Gavia stellata	002	Larus ridibundus	348
GAVIIFORMES	001	Larus saundersi	354
Gelochelidon nilotica	362	Larus schistisagus	342
Glareola maldivarum	216	Larus vegae	344
GRUIFORMES	169	Limicola falcinellus	324
Grus canadensis	174	Limnodromus scolopaceus	260
Grus grus	178	Limnodromus semipalmatus	258
Grus japonensis	182	Limosa lapponica	262
Grus leucogeranus	172	Limosa limosa	264
Grus monacha	180	Lymnocryptes minimus	246
Grus vipio	176		
		M	
H		Megaceryle lugubris	390
Haematopus ostralegus	208	Melanitta fusca	156
Halcyon coromanda	386	Mergellus albellus	160
Halcyon pileata	388	Mergus merganser	164

拉丁名索引

Mergus serrator	162
Mergus squamatus	166
Mycteria leucocephala	070

N

Netta rufina	138
Nettapus coromandelianus	112
Numenius arquata	270
Numenius madagascariensis	272
Numenius minutus	266
Numenius phaeopus	268
Nycticorax nycticorax	060

O

Oceanodroma monorhis	024

P

PELECANIFORMES	027
Pelecanus crispus	030
Pelecanus philippensis	028
Phalacrocorax capillatus	034
Phalacrocorax carbo	032
Phalacrocorax pelagicus	036
Phalaropus fulicarius	330
Phalaropus lobatus	328
Philomachus pugnax	326
Platalea leucorodia	080
Platalea minor	082
Plegadis falcinellus	078
Pluvialis apricaria	224
Pluvialis fulva	226
Pluvialis squatarola	228
Podiceps auritus	016
Podiceps cristatus	014
Podiceps grisegena	012
Podiceps nigricollis	018
PODICIPEDIFORMES	009
Polysticta stelleri	150
Porzana fusca	192
Porzana paykullii	194
Porzana pusilla	190
PROCELLARIIFORMES	021
Puffinus tenuirostris	022

R

Rallus aquaticus	186
Recurvirostra avosetta	214
Rissa tridactyla	360
Rostratula benghalensis	206

S

Scolopax rusticola	244
Sterna albifrons	374
Sterna hirundo	372
Sterna sumatrana	370

T

Tachybaptus ruficollis	010
Tadorna ferruginea	108
Tadorna tadorna	110
Thalasseus bengalensis	366
Thalasseus bernsteini	368
Threskiornis melanocephalus	076
Tringa erythropus	274
Tringa glareola	286
Tringa guttifer	282
Tringa nebularia	280
Tringa ochropus	284
Tringa stagnatilis	278
Tringa totanus	276

V

Vanellus cinereus	218
Vanellus gregarius	220
Vanellus vanellus	222

X

Xenus cinereus	288

英文名索引

A

Asian Dowitcher	258

B

Baer's Pochard	142
Baikal Teal	122
Baillon's Crake	190
Band-bellied Crake	194
Bar-headed Goose	102
Bar-tailed Godwit	262
Bean Goose	094
Black Stork	072
Black Tern	380
Black-capped Kingfisher	388
Black-crowned Night Heron	060
Black-faced Spoonbill	082
Black-headed Gull	348
Black-headed Ibis	076
Black-legged Kittiwake	360
Black-naped Tern	370
Black-necked Grebe	018
Black-tailed Godwit	264
Black-tailed Gull	332
Black-throated Diver	004
Black-winged Stilt	212
Brent Goose	106
Broad-billed Sandpiper	324
Brown-headed Gull	346

C

Caspian Tern	364
Cattle Egret	054
Chinese Crested Tern	368
Chinese Egret	052
Chinese Pond Heron	056
Cinnamon Bittern	066
Common Coot	200
Common Crane	178
Common Goldeneye	158
Common Greenshank	280
Common Kingfisher	384
Common Merganser	164
Common Moorhen	198
Common Pochard	140
Common Redshank	276
Common Ringed Plover	230
Common Sandpiper	290
Common Shelduck	110
Common Snipe	256
Common Tern	372
Cotton Pygmy Goose	112
Crested Kingfisher	390
Curlew Sandpiper	316

D

Dalmatian Pelican	030
Demoiselle Crane	170
Dunlin	320

E

Eurasian Bittern	068
Eurasian Curlew	270
Eurasian Golden Plover	224
Eurasian Oystercatcher	208
Eurasian Wigeon	116
Eurasian Woodcock	244

F

Falcated Duck	118
Far Eastern Curlew	272
Ferruginous Duck	144
Franklin's Gull	352

G

Gadwall	120
Garganey	134
Glaucous Gull	336
Glossy Ibis	078
Graylag Goose	100
Great Black-headed Gull	340
Great Cormorant	032
Great Crested Grebe	014
Great Egret	046
Great Frigatebird	038
Great Knot	296
Greater Painted Snipe	206
Greater Sand Plover	240
Greater Scaup	148
Green Sandpiper	284
Green-winged Teal	124
Green-winged Teal	126
Grey Heron	042
Grey Plover	228
Grey-headed Lapwing	218
Grey-tailed Tattler	292
Gull-billed Tern	362

H

Harlequin Duck	152
Hooded Crane	180
Horned Grebe	016

I

Ibisbill	210
Intermediate Egret	048

J

Jack Snipe	246
Japanese Cormorant	034

K

Kentish Plover	234

L

Latham's Snipe	250
Lesser Crested Tern	366
Lesser Pied Kingfisher	392
Lesser Sand Plover	238
Lesser White-fronted Goose	098
Little Curlew	266
Little Egret	050
Little Grebe	010
Little Gull	358
Little Ringed Plover	236
Little Stint	306
Little Tern	374
Long-billed Dowitcher	260
Long-billed Ringed Plover	232
Long-tailed Duck	154
Long-toed Stint	310

M

Mallard	128
Mandarin Duck	114
Marsh Sanderpiper	278
Mew Gull	334
Mongolian Gull	338
Mute Swan	086

N

Nordmann's Greenshank	282
Northern Lapwing	222
Northern Pintail	132
Northern Shoveler	136

O
Oriental Plover	242
Oriental Pratincole	216
Oriental White Stork	074

P
Pacific Diver	006
Pacific Golden Plover	226
Painted Stork	070
Pectoral Sandpiper	312
Pelagic Cormorant	036
Pheasant-tailed Jacana	204
Pied Avocet	214
Pintail Snipe	252
Purple Heron	044

R
Red Knot	298
Red Phalarope	330
Red-breasted Merganser	162
Red-crested Pochard	138
Red-crowned Crane	182
Red-necked Grebe	012
Red-necked Phalarope	328
Red-necked Stint	304
Red-throated Diver	002
Relict Gull	356
Rock Sandpiper	318
Ruddy Kingfisher	386
Ruddy Shelduck	108
Ruddy Turnstone	294
Ruddy-breasted Crake	192
Ruff	326

S
Sanderling	300
Sandhill Crane	174
Saunders's Gull	354
Scaly-sided Merganser	166
Schrenck's Bittern	064
Sharp-tailed Sandpiper	314
Short-tailed Shearwater	022
Siberian Crane	172
Siberian Gull	344
Slaty-backed Gull	342
Slender-billed Gull	350
Smew	160
Snow Goose	104
Sociable Plover	220
Solitary Snipe	248
Spoon-billed Sandpiper	322
Spot-billed Duck	130
Spot-billed Pelican	028
Spotted Redshank	274
Steller's Eider	150
Striated Heron	058
Swan Goose	092
Swinhoe's Rail	184
Swinhoe's Snipe	254
Swinhoe's Storm Petrel	024

T
Temminck's Stint	308
Terek Sandpiper	288
Tufted Duck	146
Tundra Swan	090

V
Velvet Scoter	156

W

Water Rail	186
Watercock	196
Western Sandpiper	302
Whimbrel	268
Whiskered Tern	376
White Spoonbill	080
White-breasted Waterhen	188
White-fronted Goose	096
White-naped Crane	176
White-winged Tern	378
Whooper Swan	088
Wood Sandpiper	286

Y

Yellow Bittern	062

中文名索引

B
白翅浮鸥	378
白额雁	096
白额燕鸥	374
白骨顶	200
白鹤	172
白鹭	050
白眉鸭	134
白琵鹭	080
白头鹤	180
白胸苦恶鸟	188
白眼潜鸭	144
白腰草鹬	284
白腰杓鹬	270
白枕鹤	176
斑背潜鸭	148
斑脸海番鸭	156
斑头秋沙鸭	160
斑头雁	102
斑尾塍鹬	262
斑胁田鸡	194
斑胸滨鹬	312
斑鱼狗	392
斑嘴鹈鹕	028
斑嘴鸭	130
半蹼鹬	258
北极鸥	336

C
彩鹬	070
彩鹮	078
彩鹬	206
苍鹭	042
草鹭	044
池鹭	056

赤翡翠	386
赤颈鸊鷉	012
赤颈鸭	116
赤麻鸭	108
赤膀鸭	120
赤嘴潜鸭	138
丑鸭	152
长尾鸭	154
长趾滨鹬	310
长嘴半蹼鹬	260
长嘴剑鸻	232

D
大白鹭	046
大滨鹬	296
大麻	068
大沙锥	254
大杓鹬	272
大天鹅	088
丹顶鹤	182
东方白鹳	074
东方鸻	242
董鸡	196
豆雁	094
短尾鹱	022

F
翻石鹬	294
反嘴鹬	214
凤头鸊鷉	014
凤头麦鸡	222
凤头潜鸭	146
佛法僧目	383
弗氏鸥	352

G
孤沙锥	248
冠鱼狗	390
鹳形目	041

H
海鸬鹚	036
鹤形目	169
鹤鹬	274
黑叉尾海燕	024
黑翅长脚鹬	212
黑浮鸥	380
黑腹滨鹬	320
黑腹军舰鸟	038
黑鹳	072
黑喉潜鸟	004
黑颈鸊鷉	018
黑脸琵鹭	082
黑水鸡	198
黑头白鹮	076
黑尾塍鹬	264
黑尾鸥	332
黑雁	106
黑枕燕鸥	370
黑嘴鸥	354
鸻形目	203
红腹滨鹬	298
红喉潜鸟	002
红脚鹬	276
红颈瓣蹼鹬	328
红颈滨鹬	304
红头潜鸭	140
红胸秋沙鸭	162
红胸田鸡	192
红嘴巨燕鸥	364

中文名索引

红嘴鸥	348	栗苇	066	Q		
鸿雁	092	蛎鹬	208	潜鸟目	001	
鹱形目	021	林鹬	286	翘鼻麻鸭	110	
花脸鸭	122	流苏鹬	326	翘嘴鹬	288	
花田鸡	184	罗纹鸭	118	青脚滨鹬	308	
环颈鸻	234	绿背鸬鹚	034	青脚鹬	280	
鹮嘴鹬	210	绿翅鸭	124	青头潜鸭	142	
黄斑苇	062	绿鹭	058	丘鹬	244	
黄颊麦鸡	220	绿头鸭	128	鹊鸭	158	
黄嘴白鹭	052					
灰瓣蹼鹬	330	**M**		**S**		
灰背鸥	342	美洲绿翅鸭	126	三趾滨鹬	300	
灰翅浮鸥	376	蒙古沙鸻	238	三趾鸥	360	
灰鹤	178	蒙古银鸥	338	沙丘鹤	174	
灰鸻	228	棉凫	112	扇尾沙锥	256	
灰头麦鸡	218			勺嘴鹬	322	
灰尾漂鹬	292	**N**		水雉	204	
灰雁	100	牛背鹭	054	蓑羽鹤	170	
J		**O**		**T**		
矶鹬	290	欧金鸻	224	太平洋潜鸟	006	
姬鹬	246	鸥嘴噪鸥	362	鹳形目	027	
尖尾滨鹬	314			铁嘴沙鸻	240	
剑鸻	230	**P**				
角䴙䴘	016	䴙䴘目	009	**W**		
金鸻	226	琵嘴鸭	136	弯嘴滨鹬	316	
金眶鸻	236	普通翠鸟	384			
卷羽鹈鹕	030	普通海鸥	334	**X**		
		普通鸬鹚	032	西滨鹬	302	
K		普通秋沙鸭	164	西伯利亚银鸥	344	
阔嘴鹬	324	普通燕鸻	216	细嘴鸥	350	
		普通燕鸥	372	小䴙䴘	010	
L		普通秧鸡	186	小白额雁	098	
拉氏沙锥	250			小滨鹬	306	
蓝翡翠	388			小凤头燕鸥	366	

小鸥	358	雁形目	085	针尾鸭	132
小青脚鹬	282	夜鹭	060	中白鹭	048
小绒鸭	150	遗鸥	356	中华凤头燕鸥	368
小杓鹬	266	疣鼻天鹅	086	中华秋沙鸭	166
小天鹅	090	渔鸥	340	中杓鹬	268
小田鸡	190	鸳鸯	114	紫背苇	064
雪雁	104			棕头鸥	346

Z

泽鹬 278

Y

岩滨鹬 318　　针尾沙锥 252